高等院校广告和艺术设计专业系列规划教材

书籍装帧设计

曲　欣　董莉莉　主　编
吴晓慧　徐　芳　副主编

清华大学出版社
北京

内 容 简 介

本书根据中外书籍装帧设计发展的新特点,结合操作规程具体介绍书籍装帧设计、形象设计、版式设计、插图设计、印艺设计、设计流程、书籍装帧设计赏析、电子书籍设计等知识,并通过书籍装帧设计流程分析讲解具体操作步骤,提高创作与实践应用能力。

本书知识系统、案例翔实、图文并茂、通俗易懂、强化操作训练、实用性突出,力求教学内容和教材结构的创新。因此,本书既可以作为本科及高等院校广告和艺术设计专业书籍装帧设计课程的首选教材,也可以作为相关行业从业人员的岗位培训教材,对于广大文化创意企业从业者也是一本必备的自我训练指导手册。

本书封面贴有清华大学出版社防伪标签,无标签者不得销售。
版权所有,侵权必究。举报: 010-62782989,beiqinquan@tup.tsinghua.edu.cn。

图书在版编目(CIP)数据

书籍装帧设计/曲欣,董莉莉主编. —北京: 清华大学出版社,2018(2024.8重印)
(高等院校广告和艺术设计专业系列规划教材)
ISBN 978-7-302-48922-1

Ⅰ. ①书… Ⅱ. ①曲… ②董… Ⅲ. ①书籍装帧—设计—高等学校—教材 Ⅳ. ①TS881

中国版本图书馆CIP数据核字(2017)第287705号

责任编辑: 张 弛
封面设计: 李子慕
责任校对: 李 梅
责任印制: 曹婉颖

出版发行: 清华大学出版社
网　　址: https://www.tup.com.cn, https://www.wqxuetang.com
地　　址: 北京清华大学学研大厦A座　　邮　编: 100084
社 总 机: 010-83470000　　邮　购: 010-62786544
投稿与读者服务: 010-62776969, c-service@tup.tsinghua.edu.cn
质量反馈: 010-62772015, zhiliang@tup.tsinghua.edu.cn
课件下载: https://www.tup.com.cn,010-62770175-4278

印 装 者: 三河市铭诚印务有限公司
经　　销: 全国新华书店
开　　本: 185mm×260mm　　印　张: 12　　字　数: 303千字
版　　次: 2018年1月第1版　　印　次: 2024年8月第7次印刷
定　　价: 69.00元

产品编号: 067194-03

编审委员会

主　任：牟惟仲

副主任：（排名不分先后）

宋承敏　冀俊杰　张昌连　田卫平　滕祥东　张振甫
林　征　帅志清　李大军　梁玉清　鲁彦娟　王利民
吕一中　张建国　王　松　车亚军　王黎明　田小梅

委　员：（排名不分先后）

梁　露　崔德群　金　光　吴慧涵　崔晓文　鲍东梅
翟绿绮　吴晓慧　温丽华　吴晓赞　朱　磊　赵　红
马继兴　白　波　赵盼超　田　园　姚　欣　王　洋
吕林雪　王洪瑞　许舒云　孙　薇　赵　妍　胡海权
温　智　逄京海　吴　琳　李　冰　李　鑫　刘菲菲
何海燕　张　戈　曲　欣　李　卓　李笑宇　刘　剑
刘　晨　李连璧　孟红霞　陈晓群　张　燕　阮英爽
王桂霞　刘　琨　杨　林　顾　静　林　立　罗佩华

总　编：李大军

副总编：梁　露　鲁彦娟　吴晓慧　金　光　温丽华　翟绿绮

专家组：田卫平　梁　露　崔德群　崔晓文　华秋岳　梁玉清

序言

　　随着我国改革开放进程的加快和市场经济的快速发展,广告和艺术设计产业也在迅速发展。广告和艺术设计作为文化创意产业的核心和关键支撑,在加强国际商务交往、丰富社会生活、塑造品牌、展示形象、引导消费、传播文明、拉动内需、解决就业、推动民族品牌创建、促进经济发展、构建和谐社会、弘扬古老中华文化等方面发挥着越来越大的作用,已经成为我国经济发展重要的"绿色朝阳"产业,在我国经济发展中占有极其重要的位置。

　　1979年中国广告业从零开始,经历了起步、快速发展、高速增长等阶段,2016年我国广告营业额突破6 400亿元,已跻身世界前列。商品销售离不开广告,企业形象也需要广告宣传,市场经济发展与广告业密不可分;广告不仅是国民经济发展的"晴雨表"、社会精神文明建设的"风向标",也是构建社会主义和谐社会的"助推器"。由于历史原因,我国广告和艺术设计产业起步晚,但是发展飞快,目前广告行业中受过正规专业教育的从业人员严重缺乏,因此使得中国广告和艺术设计作品难以在世界上拔得头筹。广告设计专业人才缺乏,已经成为制约中国广告设计事业发展的主要瓶颈。

　　当前,随着世界经济的高度融合和中国经济国际化的发展趋势,我国广告设计业正面临着全球广告市场的激烈竞争,随着经济发达国家广告设计观念、产品营销、运营方式、管理手段及新媒体和网络广告的出现等巨大变化,我国广告艺术设计从业者急需更新观念、提高专业技术应用能力与服务水平、提升业务质量与道德素质,广告和艺术设计行业与企业也在呼唤"有知识、懂管理、会操作、能执行"的专业实用型人才。加强广告设计业经营管理模式的创新、加速广告和艺术设计专业技能型人才培养已成为当前亟待解决的问题。

　　为此,党和国家高度重视文化创意产业的发展,党的十七届六中全会明确提出"文化强国"的长远战略,发展壮大包括广告业在内的传统文化产业,迎来文化创意产业大发展的最佳时期;政府加大投入、鼓励新兴业态、发展创意文化、打造精品文化品牌、消除壁垒、完善市场准入制度,积极扶持文化产业进军国际市场。结合中国共产党第十八次全国人民代表大会提出的"扎实推进社会主义文化强国建设"的号召,国家"十二五"规划纲要明确提出促进广告业健康发展。中央经济工作会议提出"稳中求进"的总体思路,强调扩大内需,发展实体经济,对做好广告工作提出新的更高要求。

  针对我国高等教育广告和艺术设计专业知识老化、教材陈旧、重理论轻实践、缺乏实际操作技能训练等问题,为适应社会就业需求、满足日益增长的文化创意市场需求,我们组织多年从事广告和艺术设计教学与创作实践活动的国内知名专家教授及广告设计企业精英共同精心编撰了本系列教材,旨在迅速提高大学生和广告设计从业者的专业技能素质,更好地服务于我国已经形成规模化发展的文化创意事业。

  本系列教材作为高等教育广告和艺术设计专业的特色教材,坚持以科学发展观为统领,力求严谨,注重与时俱进;在吸收国内外广告和艺术设计界权威专家学者最新科研成果的基础上,融入了广告设计运营与管理的最新实践教学理念;依照广告设计的基本过程和规律,根据广告业发展的新形势和新特点,全面贯彻国家新近颁布实施的广告法律、法规和行业管理规定;按照广告和艺术设计企业对用人的需求模式,结合解决学生就业、加强职业教育的实际要求;注重校企结合、贴近行业企业业务实际,强化理论与实践的紧密结合;注重管理方法、运作能力、实践技能与岗位应用的培养训练,并注重教学内容和教材结构的创新。

  本系列教材包括《色彩》《素描》《中国工艺美术史》《中外美术作品鉴赏》《广告学概论》《广告设计》《广告摄影》《广告法律法规》《会展广告》《字体设计》《版式设计》《包装设计》《标志设计》《招贴设计》《会展设计》《书籍装帧设计》等。本系列教材的出版对帮助学生尽快熟悉广告设计操作规程与业务管理,以及帮助学生毕业后能够顺利走向社会就业具有特殊意义。

教材编委会
2017 年 12 月

前言

广告和艺术设计业作为文化创意产业的核心支柱产业,在加强国际商务交往、促进影视传媒会展发展、丰富社会生活、拉动内需、解决就业、促进经济发展、构建和谐社会、弘扬古老中华文化等方面发挥着越来越大的作用,已经成为我国文化创意经济发展的重要产业,在我国产业转型、经济发展中占有极其重要的位置。广告和艺术设计已经以其强劲的上升势头成为全球经济发展中最具活力的"绿色朝阳"产业。

书籍装帧既传承着古老的中华文化,也体现着现代科学技术手段,并在文化创意产业发展中发挥着越来越重要的作用。书籍装帧是现代设计基础的重要组成部分,亦是广告艺术设计专业的一门重要必修专业课程,掌握好书籍装帧知识与应用技能是从事广告和艺术设计工作的必经之路。只有很好地掌握书籍装帧设计制作基础知识与应用技能,才能顺利就业、更好地从事广告和艺术设计行业的工作。

随着全球经济的快速发展、各类出版业务的迅速提升,面对国际书籍装帧设计制作业的激烈市场竞争,加强书籍装帧设计创作的不断创新、加速书籍装帧设计与制作专业人才培养,已成为当前亟待解决的问题。为满足日益增长的书籍装帧设计市场需求、为培养社会急需的书籍装帧设计制作专业技能型应用人才,我们组织多年从事书籍装帧设计制作教学与创作实践活动的专家教授共同精心编撰了本书,旨在迅速提高书籍装帧设计制作从业者的专业技能,更好地服务于我国广告设计事业。

本书作为高等教育广告和艺术设计专业的特色教材,坚持以科学发展观为统领,严格按照教育部关于"加强职业教育、突出实践能力培养"的教学改革精神,针对书籍装帧设计课程教学的特殊要求和就业应用能力培养目标,既注重系统理论知识讲解、专业素质与艺术修养的培养,又突出创新意识与实际动手训练。本书的出版对帮助学生尽快熟悉书籍装帧设计制作与应用操作、毕业后能够顺利就业具有特殊意义。

本书共8章,以学习者应用能力培养为主线,根据中外书籍装帧设计制作理论与实践发展的新形势和新特点,结合实际操作规程具体介绍:书籍装帧设计概述、形象设计、版式设计、插图设计、印艺设计、书籍设计流程、书籍装帧设计赏析、电子书籍设计等知识,并通过书籍装帧设计制作流程分析讲解具体操作步骤,提高创作与实践应用能力。

由于本书融入书籍装帧设计制作最新的实践教学理念,力求严谨、注重与时俱进,并具有较强的理论性、示范性、可读性、可操作性和实用性等特点,因此本书既可以作为本科及高等院校广告和艺术设计专业书籍装帧设计课程的首选教材,也可以作为相关行业从业人员的岗位培训教材,对于广大文化创意企业创业者也是一本必备的自我训练指导手册。

本书由李大军进行总体方案策划并具体组织,曲欣和董莉莉担任主编、曲欣统改稿,吴晓慧、徐芳担任副主编,由具有丰富教学和实践经验的鲁彦娟教授审订。作者编写分工:牟惟仲编写序言,董莉莉编写第一章、第五章,曲欣编写第二章、第四章,徐芳编写第三章、第六章,吴晓慧编写第七章,李毅编写第八章,关子诺、李冰编写附录,华燕萍、李晓新负责文字修改、版式调整、制作教学课件。

在本书编写过程中,我们参阅借鉴了大量国内外有关书籍装帧设计制作的最新书刊和相关网站资料,精选收录了具有典型意义的案例,并得到业界有关专家教授的具体指导,在此一并致以衷心的感谢。为了方便教学,本书配有教学课件,读者可以从清华大学出版社网站(www.tup.com.cn)免费下载。因作者水平有限,书中难免存在疏漏和不足,恳请专家、同行和广大读者批评指正。

编 者

2017 年 12 月

目录

第一章　书籍装帧设计概述　001

004　第一节　书籍装帧设计的概念
005　第二节　书籍装帧设计的起源和演进
013　第三节　书籍装帧设计的近现代发展
019　第四节　现代书籍设计的认识

第二章　书籍形象设计　025

026　第一节　书籍形态概述
027　第二节　封套和护封设计
031　第三节　封面、书脊、封底设计
044　第四节　环衬页设计
046　第五节　扉页设计
046　第六节　目录页设计
047　第七节　内页版式设计
052　第八节　版权页设计

第三章　书籍版式设计　055

056　第一节　书籍版式设计概述
056　第二节　书籍版式设计的形式美规律
061　第三节　书籍版式设计的方法

第四章　书籍插图设计　074

- 075　第一节　书籍插图设计概述
- 079　第二节　书籍插图设计的分类
- 084　第三节　书籍插图设计的艺术特征
- 088　第四节　书籍插图的创作表现

第五章　书籍装帧印艺设计　099

- 100　第一节　书籍承载物设计
- 110　第二节　书籍的印刷工艺选择
- 114　第三节　书籍装帧后期工艺设计
- 117　第四节　书籍装订形式设计

第六章　书籍设计流程　120

- 121　第一节　书籍设计流程简介
- 130　第二节　书籍设计流程实例

第七章　书籍装帧设计赏析　140

- 141　第一节　中国书籍装帧设计赏析
- 152　第二节　国外书籍装帧设计赏析

第八章　电子书籍设计　165

- 167　第一节　电子书籍设计的概念
- 168　第二节　电子书籍设计元素
- 172　第三节　电子书籍设计的现状与发展

参考文献 175

附录1 平面设计中常见的图片格式 176

附录2 广告、印刷相关法律法规 178

第一章

书籍装帧设计概述

学习要点及目标

1. 重点介绍书籍装帧设计的定义、起源和演进；
2. 了解什么是书籍装帧设计，书籍装帧设计的演进历史；
3. 了解现代包装有怎样的发展趋势。

核心概念

书籍装帧设计的概念、书籍装帧设计的起源和演进、书籍装帧设计的近现代发展、现代书籍设计的认识

 引导案例

2000年，设计出无数美丽书籍的吕敬人为中国青年出版社设计《梅兰芳全传》，除了自己编选图片，使一本纯文稿的书变成一本图文并茂的书籍外，还别出心裁地设计了一个"切口"：将书端在手中，向下轻轻捻开时是梅兰芳的生活照，向上捻开时是他的舞台照，"这才是梅兰芳一生的写照"。轻轻一翻间，就仿佛翻过了梅兰芳的一生，"切口"生出的形式美感，也同样浓缩了内容的精华，如图1-1所示。

《梅兰芳全传》一书以特有的设计理念和实践为中国现代书籍形态设计开创了一条新路子。这一实践的意义究竟是什么，是值得我们思考的。放眼世界书装界，只有植根于本土文化土壤，利用本土文化资源，并汲取西方现代设计意识与方法，才能构建出中国现代书籍形态设计的理念与实践体系，而这既是中国书籍设计的必由之路，也是它的希望所在。

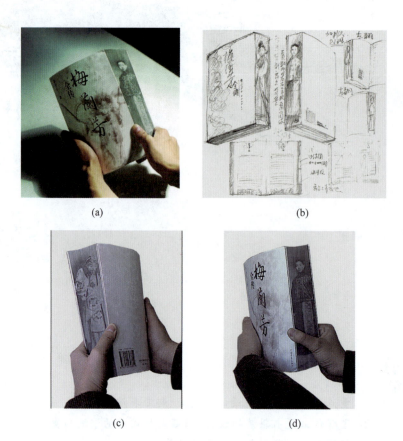

图 1-1 《梅兰芳全传》书籍设计

书籍的起源和发展

书籍的历史和文字、语言、文学、艺术、技术、科学的发展有着紧密的联系。它最早可追溯至石、木、陶器、青铜、棕榈树叶、骨、白桦树皮等物上的铭刻。将纸莎草用于写字,对书籍的发展起了巨大的推动作用。

约在公元前30世纪,纸草书卷是最早的埃及书籍雏形。纸草书卷比苏美尔人、巴比伦人、亚述人和赫梯人的泥板书更接近现代书籍的概念。

中国最早的正式书籍,是约在公元前8世纪前后出现的简策。西晋杜预在《春秋经传集解序》中说:"大事书之于策,小事简牍而已。"这种用竹木做书写材料的"简策"(或"简牍")在纸发明以前是中国书籍的主要形式。将竹木削制成狭长的竹片或木片,统称为"简",稍宽长方形木片叫"方"。若干"简"编缀在一起叫"策"("册"),又称为"简策"。编缀用的皮条或绳子叫"编"。

中国古代典籍,如《尚书》《诗经》《春秋左氏传》《史记》以及西晋时期出土的《竹书纪年》、近年在山东临沂出土的《孙子兵法》等书,都是用竹木书写而成。后来,人们用缣帛来书写,称为帛书。《墨子》有"书于帛,镂于金石"的记载。帛书是用特制的丝织品,叫"缯"或"缣",故"帛书"又称"缣书"。

公元前2世纪,中国已出现用植物纤维制成的纸,如1957年在西安出土的灞桥纸。东汉蔡伦在总结前人经验,加以改进制成蔡侯纸(公元105年)之后,纸张便成为书籍的主要材料,纸的卷轴逐渐代替了竹木书、帛书(缣书)。

中国最早发明并实际运用了木刻印刷术。公元7世纪初期,中国已经使用雕刻木版来印刷书籍。在印刷术发明以前,中国书籍的形式主要是卷轴。

公元10世纪,中国出现册页形式的书籍,并且逐步代替卷轴,成为目前世界各国书籍的共同形式。

公元11世纪40年代,中国活字印刷术在世界上最早产生,并逐渐向世界各国传播。东到朝鲜、日本,南到东南亚各国,西经中近东到欧洲各国,促进了书籍的生产和人类文化的交流与发展。

公元14世纪,中国发明套版彩印。活字印刷术加快了书籍的生产进程,为欧洲国家所普遍采用。15~16世纪,人们把印刷的书籍根据喜好装订起来,逐步制造了一种经济、美观、便于携带的书籍;荷兰的埃尔塞维尔公司印制了袖珍本的书籍。

从15~18世纪初,中国编纂、缮写和出版了卷帙浩繁的百科全书性质和丛书性质的出版物——《永乐大典》《古今图书集成》《四库全书》等。

18世纪末,由于造纸机器的发明,推动了纸的生产,并为印刷技术的机械化创造了良好的条件。同时,印制插图的平版印刷的出现,为胶版印刷打下了基础。

19世纪初,快速圆筒平台印刷机的出现以及其他印刷机器的发明,大大提高了印刷能力,适应了社会政治、经济、文化对书籍生产的不断增长的要求。

21世纪,随着新材料、新工艺的推陈出新,书籍有了更多的形式,书籍装帧艺术便应运而生了,图1-2介绍了书籍各部分的名称。

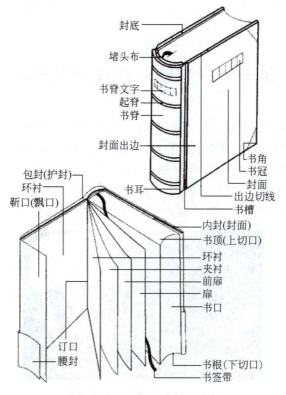

图1-2　书籍各部分的名称

背景资料

书籍作为信息的载体,伴随着漫长的人类历史发展过程,在将知识传播给读者的同时,也带给人们美的享受。因此,好的书籍不仅仅是提供静止的阅读,更应该是一部可供欣赏、品味、收藏的流动的静态戏剧。

书籍装帧设计作为一门独立的造型艺术,要求设计师在设计时不仅要突出书籍本身的知识源,更要巧妙利用装帧设计特有的艺术语言,为读者构筑丰富的审美空间,通过读者眼观、手触、味觉、心会,在领略书籍精华神韵的同时,得到连续畅快的精神享受。这正是书籍装帧设计整体性原则的根本宗旨,书籍整体设计的整体效果及展开效果如图1-3和图1-4所示。

图1-3 书籍整体设计的整体效果

图1-4 书籍整体设计的展开效果

第一节 书籍装帧设计的概念

书籍是人类思想交流、知识传播、文化积累的重要依托,承载着古今中外的智慧结晶。一本好书就好像一个芬芳的世界,洗涤人的肺腑。而书籍装帧艺术世界,同样也是广阔多姿、耐人探究的。书籍装帧也叫书籍设计(Book Design)。

书籍装帧的任务,除了达到保证阅读的目的外,还要赋予书籍美的形态,给读者以美的享受,书籍装帧艺术便应运而生。书籍装帧艺术的形态美如图1-5所示。

图1-5 书籍装帧艺术的形态美

日本著名书籍设计家杉浦康平先生曾这样形容现代书籍的装帧,"是从一张纸开始的故事",那么,书籍装帧艺术该是从一张纸开始的艺术吧。的确,由二维纸张的对折、束叠、装订,并融合其他材质构成而形成一本有生命的书,艺术便蕴含其中了。

我国著名的书籍设计大师吕敬人说:"书籍设计最重要的是促成有趣的阅读。"当一部最后敲定的书稿交到设计师手中,书籍的装帧旅程便开始了,直至能成为正式出版物。这是一个整体性的经历:书稿的主题内涵确立了从属内容的设计定位,包括书的形态,即开本、大小、装订方式、内文的版面构成、插图等;书的外表,即封面、封底、书脊、环衬等;还有纸张材质选择、印刷工艺的要求等。

成功的书籍装帧,装帧设计师固然功不可没,但同样不能缺少出版者、编辑和印刷装订者各环节的相互配合与协调。书籍装帧艺术是主观艺术的激情迸发与客观现实要求相互较量的艺术,是糅合了众多因素而达到和谐整体的艺术。

古人对"装帧"概念的论述:"装订书籍,不在华美饰观,而要护有道,款式古雅,厚薄得益,精致端正,方为第一。"(明朝,孙以添《藏书纪要》)日本书籍设计界的泰斗原宏关于"装帧"与图书设计的解释是:"最近有人提出'图书设计'概念,从'书籍整体设计'的意义上讲,它更明确地表达了装帧的意思。不过目前人们仍然模糊地用着'装帧'这个词。然而,实际工作中我们所说的装帧差不多只是设计书的外观,很少设计书的内部。"(原文载于1970年日本《印刷时社报》)

装帧艺术,有其不可忽视的力量所在,因为它比书的内容更快地闯入读者的视野。首先,封面,顾名思义是书的脸,是书籍与读者最直接沟通的桥梁。读者常常是被书的封面吸引而驻足,再看内容简介,再概略浏览,发现真是一本有趣或有价值的书,从而引发了深入阅读的兴趣、购买和收藏的欲望,并介绍予良朋知己。在书籍的海洋中,决定读者与一本书的缘分常常就是那么简单。

书籍装帧艺术体现了一个国家文化内涵和工艺水平的高度。不同的地域国度作品散发出不同的风格魅力和浓郁的民族特点,不同设计风格的装帧艺术如图1-6所示。

图1-6　不同设计风格的装帧艺术

第二节　书籍装帧设计的起源和演进

随着出版业的发展和出版市场的逐步开放,以及从事专业书装设计的团体及个人的不断涌现,书籍装帧设计已为世人所认知,并且对出版业的发展起到重要的推动作用。将书籍装帧设计作为一门独立的艺术学科来学习和研究,也于今天提了出来,并得到了大家的认可,的确为社会文明及文化产业的发展提供了有力保障。从书籍装帧设计的发展观来讲,若想系统地了解书籍装帧设计,我们有必要先了解一下它的发展史。

一、书籍的起源

我们谈到书籍不能不谈到文字,文字是书籍的第一要素。中国自商代就已出现较成熟的文字——甲骨文。从甲骨文的规模和分类上看,那时已出现了书籍的萌芽。到周代,中国文化进入第一次勃兴时期,各种流派和学说层出不穷,形成了百家争鸣的局面,作为文字载体的书籍,已经出现很多。

周代时,甲骨文已经向金文、石鼓文方向发展,后来随着社会经济和文化的逐步发展,又完成了大篆、小篆、隶书、草书、楷书、行书等文字体的演变,书籍的材质和形式也逐渐完善。

(一) 甲骨

通过考古发现,在河南"殷墟"出土了大量的刻有文字的龟甲和兽骨,这就是迄今为止我国发现最早的作为文字载体的材质。所刻文字纵向成列,每列字数不一,皆视甲骨形状而定,如图1-7所示。

图1-7 甲骨文

(二) 石板

由于甲骨文字形尚未规范化,字的笔画繁简悬殊,刻字大小不一,所以横向难以成形。后来虽然在陶器、岩石、青铜器和石碑上也有文字刻画,但与书籍形式相去甚远,故不做详谈。公元前2500年前后,古埃及人把文字刻在石碑上,称为石碑文。古巴比伦人则把文字刻在黏土制作的板上,再把黏土板烧制成书,如图1-8所示。

《韩非子·喻老》中有"周有玉版"的话,又据考古发现,周代已经使用玉版这种高档的材质书写或刻文字了,由于其材质名贵,用量并不是很多,多是上层社会的用品。

(a)
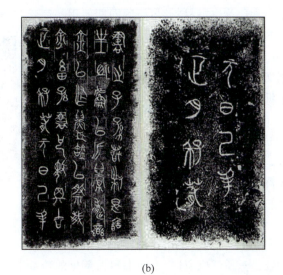
(b)

图 1-8　古埃及石碑文

(三) 竹简木牍

中国正规书籍的最早载体是竹和木。把竹子加工成统一规格的竹片,再放至火上烘烤,蒸发竹片中的水分,防止日久虫蛀和变形,然后在竹片上书写文字,这就是竹简。竹简再以革绳相连成"册",称为"简策"。这种装订方法,成为早期书籍装帧比较完整的形态,已经具备了现代书籍装帧的基本形式。另外还有木简的使用,方式、方法同竹简。

牍,则是用于书写文字的木片,与竹简不同的是木牍以片为单位,一般着字不多,多用于书信。《尚书·多士》中说"惟殷先人,有典有册",从其所用材质和使用形式上看,在纸出现和大量使用之前,它们是主要的书写工具。

书的称谓大概就是从西周的简牍开始的,今天有关书籍的名词术语,以及书写格式和制作方式,也都是承袭简牍时期形成的传统,西周的简牍如图 1-9 所示。当时欧洲盛行古抄本,所用材质多是树叶、树皮等。由于年代久远,竹木材质难以保存很长时间,所以现在我们已经很难看到那些古籍,就是在博物馆也难得一见完整的简策。

图 1-9　西周的简牍

现在有的出版社模仿古代简策制作的像《孙子兵法》《史记》等传统经典著作,多作为礼品或用以收藏,不属大众普及读物。即使如此,作为书籍装帧设计的一种形式,了解一二也是很有必要的,这有助于学习和借鉴优秀的传统文化与手法。

(四) 缣帛

缣帛是丝织品的统称,与今天的书画用绢大致相同。在先秦文献中多次提到了用缣帛作为书写材料的记载,《墨子》中提到"书于竹帛",《字诂》中说"古之素帛,以书长短随事裁绢"。可见缣帛质轻,易折叠,书写方便,尺寸长短可根据文字的多少,裁成一段,卷成一束,称为一卷。

缣帛常作为书写材料,与简牍同期使用。简牍和缣帛作为书写材料时的书籍被书史学家认为是真正意义上的书籍,如图1-10所示。

(五)纸

据文献记载和考古发现,我国西汉时就已经出现了纸,约在公元105年。《后汉书·蔡伦传》中载:"自古书契,多编竹简,其用缣帛(即按书写需要裁好的丝织品)者谓之纸,缣贵而简重,并不便于人。蔡伦发明用树皮、麻头、敝布、渔网以为纸。先捣制成浆,取膜而去水,后晾干,而制成纸。元兴,奏上之。帝善其能,自是莫不以用焉,故天下咸称'蔡侯纸'。"

图1-10　缣帛作为书写材料

其实据史籍记载,早在蔡伦发明造纸术之前,中国就已经有了关于纸的记录和描述,但那时候的纸是丝质纤维所造,不便书写。蔡伦的造纸术改进并提高了造纸工艺,在前人漂絮和制造雏形纸的基础上总结提高,从原料和工艺上把纸的生产抽调到一个独立行业的阶段,用于书写。东晋末年,纸已经正式取代简缣作为书写用品。

最早的西方文明起源于古希腊的米诺亚文化,它又受古埃及人的影响。当时古埃及的主要书写材料用纸莎草制成,在很长时间内,西方很多国家都用这种纸。中世纪以后,羊皮纸代替了它。羊皮纸的出现给欧洲的书籍形式带来了巨大变化。

如果只强调书籍是文字的载体这一概念,来为书籍下定义的话是不够的。石碑刻有精美的文字,布局可谓考究,大多还装饰以纹饰,标题、正文、落款等内容形式颇有书感,但是,石碑过于庞大,不易移动和传播交流,与真正意义的书籍难以相提并论。为何纸的出现便迅速代替其他载体材质呢?因纸张轻便、灵活和便于装订成册的诸多优点,使得书籍才真正谓之为书,纸质的书写材料如图1-11所示。

图1-11　纸质的书写材料

二、中国书籍装帧形式的历史沿革

中国的四大发明有两项对书籍装帧的发展起到了至关重要的作用,这就是造纸术和印刷术。东汉纸的发明,确定了书籍的材质,隋唐雕版印刷术的发明,促成了书籍的成形,这种形式一直延续到现代。印刷术替代了繁重的手工抄写方式,缩短了书籍的成书周期,大大提高了书籍的品质和数量,从而推动了人类文化的发展。在这种情况下,书籍的装帧形式也几经演进,先后出现过简策、卷轴装、经折装、旋风装、蝴蝶装、包背装、线装、简装和精装等形式。

(一)简策

中国的书籍形式是从简策开始的。简策始于商代(公元前14世纪),一直延续到东汉(公元2世纪),沿用时间很长。人们将竹木劈成狭长的细条,经过刮削整治后在上面写字,单独的竹木片叫作"简",若干简编连起来就叫作"策"(亦写作"册")。简策上的字是用毛笔蘸墨写的,这叫作"笔",写错了就用小刀刮去,这叫作"削"。简策最盛行的时间是从春秋到东汉末年。编简如图1-12所示、梵夹装如图1-13所示、西藏贝叶经如图1-14所示。

简策分量重、占地方、使用不便,而且竹木材料容易受潮、遭到虫蛀,必须拿到火上烘干。但在生产力相对落后的古代,简策对保存文明成果起到了不可磨灭的作用。

图1-12 编简

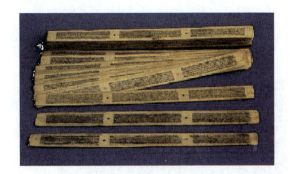

图1-13 梵夹装

(二)卷轴装

卷轴装是由简策卷成一束的装订形式演变而成的。其方法是在长卷文章的末端粘连一根轴(一般为木轴),将书卷在轴上。轴通常是一根有漆的细木棒,也有的采用珍贵的材料,如象牙、紫檀、玉、珊瑚等。卷轴装的卷首一般都黏结一张叫作"裱"的纸或丝织品。裱的质地坚韧,不写字,起保护作用。裱头再系上丝带,用来缚扎。卷轴装的纸本书从东汉一直沿用到宋初。

卷轴装书籍形式的应用使文字与版式更加规范化,行列有序。与简策相比,卷轴装舒展自如,可以根据文字的多少随时裁取,更加方便,一纸写完可以加纸续写,也可以把几张纸粘在一起,称为一卷。后来人们就把一篇完整的文稿称作一卷,卷轴装文稿如图1-15所示。

图1-14 西藏贝叶经

图1-15 卷轴装文稿

隋唐以后中西方正是盛行宗教的时期,卷轴装除了记载传统经典史记等内容以外,就是众多的宗教经文。中国多是以佛经为主,西方也有卷轴装的形式,多是以《圣经》为主。卷轴装发展到今天已不被用于书籍装帧,而在书画装裱中仍在使用。

(三)经折装

经折装是在卷轴装的形式上改造而来的。随着社会发展和人们对阅读书籍的需求增多,卷轴装的许多弊端逐渐暴露出来,已经不能适应新的需求。如果看阅卷轴装书籍的中后部分时也要从头打开,看完后还要再卷起,十分麻烦。经折装的出现大大方便了阅读,也便于取放。

经折装的具体做法是:将一幅长卷沿着文字版面的间隔中间,一反一正地折叠起来,形成长方形的一叠,在首末两页上分别粘贴硬纸板或木板。这种装帧形式与卷轴装已经有很大的区别,经折装书籍(图1-16)的形状和今天的书籍非常相似。经折装在书画、碑帖等装裱方面今天仍在使用,有时在旧物市场上会偶尔看见它的样子。

(四)旋风装

旋风装是在经折装的基础上加以改造而形成的。虽然经折装的出现改善了卷轴装的不利因素,但是由于长期翻阅会把折口断开,使书籍难以长久保存和使用。所以人们想出把写好的纸页,按照先后顺序,依次相错地粘贴在整张纸上,类似房顶贴瓦片的样子,这样翻阅每一页都很方便。但是它的外部形式跟卷轴装还是区别不大,仍需要卷起来存放,旋风装书籍如图1-17所示。

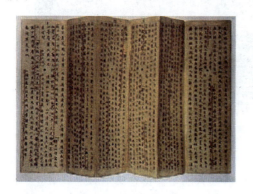

图1-16 经折装书籍

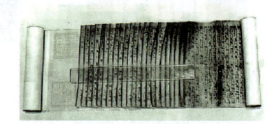

图1-17 旋风装书籍

(五)蝴蝶装

唐朝、五代时期,雕版印刷已经趋于盛行,而且印刷的数量相当大,以往的书装形式已难以适应飞速发展的印刷业。经过反复研究,人们发明了蝴蝶装的形式。蝴蝶装就是将印有文字的纸面朝里对折,再以中缝为准,把所有页码对齐,用糨糊粘贴在另一包背纸上,然后裁齐成书。

蝴蝶装书籍(图1-18)翻阅起来就像蝴蝶飞舞的翅膀,故称"蝴蝶装"。蝴蝶装只用糨糊粘贴,不用线,却很牢固。可见古人对书籍装订的选材和方法上善于学习前人经验,积极探索改进,积累了丰富的经验。今天,我们更应该在学习前人经验的基础上,从发展的角度思考书籍装帧的未来,改善和创造现代的形式。

(六)包背装

社会是发展的,事物是进步的,书籍装帧势必要跟随社会发展的脚步不断改革创新才行。虽然蝴蝶装有很多方便之处,但也不尽完善。因为文字面朝内,每翻阅两页的同时必须翻动两个空白页。张铿夫在《中国书装源流》中说:"盖以蝴蝶装式虽美,而缀页如线,若翻动太多终有脱落之虞。包背装则贯穿成册,牢固多矣。"因此,到了元代,包背装取代了蝴蝶装。

包背装与蝴蝶装的主要区别是对折页的文字面朝外,背向相对。两页版心的折口在书口处,所有折好的书页叠在一起,戳齐折扣,版心内侧余幅处用纸捻穿起来。用一张稍大于书页的纸贴书背,从封面包到书脊和封底,然后裁齐余边,这样一册书就装订好了。包背装的书籍除了文字页是单面印刷,且又每两页书口处是相连的以外,其他特征均与今天的书籍相似,如图 1-19 所示。

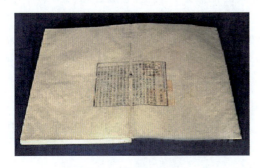
图 1-18　蝴蝶装书籍

图 1-19　包背装书籍

(七) 线装

线装是古代书籍装帧的最后一种形式。它与包背装相比,书籍内页的装帧方法一样,区别之处在护封,是两张纸分别贴在封面和封底上,书脊、锁线外露。锁线分为四、六、八针订法。有的珍善本需特别保护,就在书籍的书脊两角处包上绫锦,称为"包角"。线装是中国印本书籍的基本形式,也是古代书籍装帧技术发展最富代表性阶段的形式。

线装书籍起源于唐末宋初,盛行于明清时期,流传至今的古籍善本颇多,如图 1-20 所示。

(八) 简装

简装也称"平装",是铅字印刷以后近现代书籍普遍采用的一种装帧形式。简装书内页纸张双面印,大纸折页后把每个印张于书脊处戳齐,骑马锁线,装上护封后,除书籍以外3边裁齐便可成书,这种方法称为"锁线订"(图 1-21)。锁线比较烦琐,成本较高,但牢固,适合较厚或重要书籍,比如词典。

图 1-20　线装书籍

图 1-21　"锁线订"的书籍装帧

现在大多采用先裁齐书脊然后上胶、不锁线的方法,这种方法叫"无线胶订"。它经济快捷,却不很牢固,适合较薄或普通书籍。

另外,一些很薄的册子,内页和封面折在一起直接在书脊折口穿铁丝,称为"骑马订"。但是,铁丝容易生锈,故不易长久保存,也仅能装订比较薄的书册。

(九)精装

精装书籍在清代已经出现,是西方的舶来方法。清光绪二十年美华书局出版的《新约全书》就是精装书,封面镶金字,非常华丽。精装书最大的优点是护封坚固,起保护内页的作用,使书经久耐用。

精装书的内页与平装一样,多为锁线订,书脊处还要粘贴一条布条,以便更牢固地连接和保护。护封用材厚重而坚硬,封面和封底分别与书籍首尾页相粘,护封书脊与书页书脊多不相粘,以便翻阅时不致总是牵动内页,比较灵活。

精装书籍书脊有平脊和圆脊之分,平脊多采用硬纸板做护封的里衬,形状平整。圆脊多用牛皮纸、革等较韧性的材质做书脊的里衬,以便起弧,如图 1-22 所示。封面与书脊间还要压槽、起脊,以便打开封面。

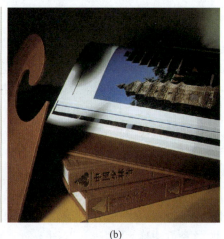

(a)　　　　　　　　　　　　(b)

图 1-22　精装书籍

精装书印制精美,不易折损,便于长久使用和保存,设计要求特别,选材和工艺技术也较复杂,所以有许多值得研究的地方。另外还有流行于唐代、五代十国时期的梵夹装(仿印度贝叶经的装帧形式,今天藏文佛经书仍用)和宋明以后的毛装(草装,粗糙、随便装订),因不具独特的方式,故不再细说。

中国书籍装帧至今已有两千多年的历史。在长期的演进过程中逐步形成了古朴、简洁、典雅、实用的东方特有的形式,在世界书籍装帧设计史上占有着重要的地位。仅仅几千字难述全貌,细细研究颇感趣味浓厚,获益匪浅。

在当今这个现代化潮流涌动的时代,每个出版人及书籍装帧设计师都面临着现代与传统的融合及冲突的问题,故步自封绝不可取,但丢弃泱泱五千年中华文明亦不可取。所以,研究书籍装帧设计历史的演变,总结前人经验,在此基础上摄入现代气息,是时不我待的事。

第三节　书籍装帧设计的近现代发展

装帧是艺术,似乎已不成为问题。实践证明,一件好的装帧作品能给人以美感,或典雅端庄,或艳丽飘逸,或豪华精美……美,是人们的心理要求;爱美,是人们的天性。随着历史的前进、科学技术的进步,书籍作为人们的精神生活需要,它的审美价值日趋突出,具有美感的书籍装帧的内页如图 1-23 所示;具有美感的书籍装帧的封面、封底如图 1-24 所示。

图 1-23　具有美感的书籍装帧的内页

近代以来,随着西方印刷术的传入,我国机器印刷代替了雕版印刷,产生了以工业技术为基础的装订工艺,出现了平装本和精装本,由此产生了装帧方法在结构层次上的变化,封面、封底、扉页、版权页、护封、环衬、目录页、正页等成为新的书籍设计的重要元素,书籍印艺的新元素如图 1-25 所示。

现代电子技术的发展更引起印刷业的日新月异的变革,这是不争的事实。然而,在我们看来,中国古代的书籍艺术仍然是指引中国书籍设计进步的重要航标之一,因为虽然古代书籍的技术已无法与今日的印刷技术相提并论,但一本纸质书的基本功能要求依然是本质的、稳定的,没有太大变化。

五四运动前后,书籍装帧艺术与新文化运动同步进入一个历史新纪元。它打破一切陈规陋习,从技术到艺术形式都用来为新文化的内容服务,具有现代的革新意义。凡是世界文化中先进的东西,我们的装帧设计家都想试一试,而且随着先进文化的传播,新兴的书籍装帧艺术也受到整个社会的广泛承认。

图 1-24　具有美感的书籍装帧的封面、封底

图 1-25　书籍印艺的新元素

从"五四运动"到"七七事变"这段时间,可以说是全国现代书籍装帧艺术史上百花齐放、人才辈出的时期。这就不能不提到鲁迅先生所起的先锋作用,他不仅亲身实践,一共设计了数十种书刊封面,还引导了一批青年画家大胆创作,并在理论方面有所建树。

鲁迅先生对封面设计从一开始就不排斥吸收外来影响,更不反对继承民族传统。他非常尊重画家的个人创造和个人风格,与他合作共过事的装帧家有陶元庆、司徒乔、王青士、钱君匋、孙福熙等人。在封面设计中,鲁迅不赞成图解式的创作方法,他请陶元庆设计《坟》的封面时说:"我的意见是只要和《坟》的意义绝无关系的装饰就好。"另外他在一封信中又说:"璇卿兄如作书面,不妨毫不切题,自行挥洒也。"强调书籍装帧是独立的一门绘画艺术,承认它的装饰作用,不必勉强配合书籍的内容,这正是我们多年来所忽略的地方。此外,他反对书版格式排得过满过挤,不留一点空间,而这点也正是我们的毛病。长期以来,我们片面强调节约纸张,不把书籍作为艺术品看待。在鲁迅先生的影响和直接关怀下,这段时间既是书籍装帧艺术的开拓期、繁荣期,又是巩固装帧艺术地位,并培育了一批创作队伍的重要时期。

处在新文化运动的开放时代,当时的设计家们博采众长,百无禁忌,什么好东西都想拿来一用。丰子恺先生以漫画制作封面堪称首创,而且坚持到底,影响深远。陈之佛先生从给《东方杂志》《小说月报》《文学》设计封面起,到为天马书店做装帧,坚持采用近代几何图案和古典工艺图案,形成了独特的艺术风格。

钱君匋先生认为,书籍装帧的现代化是不可避免的。他个人运用过各种主义、各种流派的创作方法,但他始终没有忘装帧设计中的民族化方向。

除了画家们的努力以外,这一时期作家们直接参与书刊的设计也是一大特色,这可能与五四时期形成的文人办出版社的传统密不可分。鲁迅、闻一多、叶灵凤、倪贻德、沈从文、胡风、巴金、艾青、卞之琳、萧红等都设计过封面,他们当中有人还学过美术,设计风格从总体上说都不脱书卷气,这与他们深厚的文化修养大有关系。

利用我国传统书法装帧书衣,恐怕也是我国独有的另一特色。鲁迅、胡适、蔡元培、钱玄同、刘半农、叶圣陶、郭沫若、周作人、魏建功、郑振铎等都不止一次地以书法装饰书衣,一颗红色名章更使书面活了起来,相信这种形式今后还会运用下去。

抗日战争爆发以后,随着战时形势的变化,全国形成沦陷区、国统区、解放区三大地域。条件各有不同,印刷条件却都比较困难,最艰苦的当然是被国民党和日伪严密封锁的解放区。解放区的出版物,有的甚至一本书由几种杂色纸印成,成为出版史上的一个奇观。国统区的大西南也只能以土纸印书,没有条件以铜版、锌版来印制封面,画家只好自绘、木刻或由刻字工人刻成木板上机印刷。印出来的封面倒有原拓套色木刻的效果,形成一种朴素的原始美。相对来说,沦陷区的条件稍好,但自太平洋战争到日本投降前夕,物资奇缺,上海、北京印书也只能用土纸,白板纸成为稀见的奢侈品。

从抗战胜利到新中国成立是书籍装帧艺术的又一个收获期。以钱君匋、丁聪、曹辛之等人的成就最为明显,老画家张光宇、叶浅予、池宁、黄永玉等也有创作。丁聪的装饰画以人物见长,曹辛之则以俊逸典雅的抒情风格吸引了读者。

1949年以后,出版事业的飞跃发展和印刷技术、工艺的进步,为书籍装帧艺术的发展和提高开拓了广阔的前景,中国的书籍装帧艺术呈现出多种形式、风格并存的格局。"文革"期间,书籍装帧艺术遭到了劫难,"一片红"成了当时的主要形式。

20世纪70年代后期,书籍装帧艺术得以复苏。进入20世纪80年代,改革开放政策极大地推动了书籍装帧艺术的发展。随着现代设计观念、现代科技的积极介入,中国书籍装帧艺术更加趋向个性鲜明、锐意求新的国际设计水准。

改革开放后,西方先进的设计理念和设计形式为我国装帧业开辟新的道路提供了参考,装帧界曾一度如饥似渴地汲取国外现代设计成果的新鲜营养,在此期间,参考和模仿相当普遍,抄袭现象亦在所难免。而随着设计领域国际化的进程,国际性的交流日趋频繁。近些年来,我国的书籍装帧设计也逐渐从非我走向自觉,结束了对信息资料极大丰富的兴奋和依赖,开始了冷静思考和独立运作的新的里程,并随着经济文化的腾飞而逐渐融入世界。

但令人不安的是抄袭现象仍时有发生。如果你留心对比一下,便会发现,目前出版物中有一定数量的书籍设计明显保留着别人作品的痕迹,有些几乎是原封不动地搬过来。就连国内外最著名的设计家的作品，也有人敢堂而皇之地变成自己的作品。现象主要表现为：一旦有设计家在表现技法、材料等方面有所突破，设计出凸显新意的作品，随后就有类似的作品蜂拥而至，也不管书籍内容是否合适，一味地跟着别人跑，这种"跟风"实质上也是抄袭。对于这种现象，装帧界的智者视之为耻辱。但由于国内版权意识的粗线条和学术批评不健全，这种恶习始终没有得到遏止，甚至连警示也不多见。而行外包括广大编审人员，由于对设计不熟悉一般也不去干预，无形中加剧了这种风气的盛行。

20世纪80年代以来，装帧设计界和其他设计界一样，受到新的媒介、新的设计技术的挑战，从而发生了急剧的变化，这个刺激因素就是计算机技术的发展并迅速地进入设计过程，日益取代了从前的手工式的劳动。

除此以外，其他电子技术的发展也使设计发生了很大的变化，比如传真机的广泛运用、电视技术的全球化和新的全球电视频道、计算机网络系统和电子邮件、长途电话的普及、手机的广泛运用等，这些技术使原来相距很远的地方变成近在咫尺的方寸距离，信息技术把世界日益变成一个马谢·麦克卢汉（Marshall McLuhan）所称的"地球村（global village）"。

这种技术的发展，一方面刺激了国际主义设计的垄断性发展；另一方面也促进了各个国家和各个民族的设计文化的融合，东方和西方的、南部和北部的设计文化通过这个地球村的频繁密切的交往，日益得到交融。因此，国际主义的趋势之下，其实也潜伏了民族文化发展的可能性和机会，即设计上一方面国际主义化；而另一方面又多元化地发展。

设计在新的交流前提下出现了统一中的变化，产生了设计在基本视觉传达良好的情况下的多元化发展局面，个人风格的发展并没有因为国际交流的增加而减弱或者消失，而是在新的情况下以新的面貌得到发展。

现代书籍形态设计追求对传统装帧观念的突破，提倡"现代书籍形态的创造必须解决两个观念性前提：首先，书籍形态的塑造并非书籍装帧家的专利，它是出版者、编辑、设计家、印刷装订者共同完成的系统工程；其次，书籍形态是包含'造型'和'神态'的二重构造"。前者是书的物性构造，它以美观、方便、实用的意义构成书籍直观的静止之美。后者是书的理性构造，它以丰富易懂的信息、科学合理的构成、不可思议的创意、有条理的层次、起伏跌宕的旋律、充分互补的图文、创造潜意识的启示和各类要素的充分利用，构成了书籍内容活性化的流动之美，设计作品实例如图1-26所示。造型和神态的完美结合，则共同创造出形神兼备的、具有生命力和保存价值的书籍。

现代书籍艺术家的这些追求，我们都可在古代书籍艺术中找到创意的源泉。作为书籍设计史的研究者，在这里不是强调传统技术，而是强调艺术与美学、思想与意识。

总结中国古代书籍的设计，涉及的元素为：开本的大小、版式的规格、印纸的优劣、墨色的好坏、字体的风格、刀法的精疏、版画插图的精细与否、装帧与内容的呼应等；设计师的主体是由作坊主、书写者、刻工等组成。也因此作为造纸、活字印刷等伟大发明者的中国古人，其书籍艺术创造依然有超越时代的价值。近现代书籍艺术设计中，在继承传统的努力中卓有大成的有陶元庆、司徒乔、张光宇、曹辛之、邱陵、张守义等，近年来出现的如吕敬人、宁成春等，其风格元素莫不如此。

吕敬人先生设计的《黑与白》是一部反映澳洲人寻根的小说，设计师力图将白人和土著人之间的矛盾用黑与白对比的方式渗透于全书。在封面、封底、书脊、内文、版式、天与地甚至切口处都呈现着黑色与白色的冲撞与融合，跳跃的袋鼠、澳洲土著人的图腾纹样的排列变化暗示着种族冲突；黑色与白色的三角形，漂浮波荡、若隐若现的书名标题字的处理，均给人在视觉

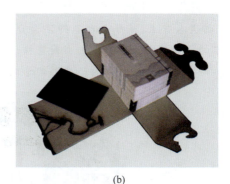

(a)　　　　　　　　　　　　　　(b)

图 1-26　设计作品实例（吕敬人）

上某种暗示、刺激和缓冲。整个设计不仅形象地表达了原著书稿的内涵，同时还给读者提供了一个丰富的再创造和想象空间。

案例

（一）

我国台湾颇有人气的绘本偶像作家、画家几米的作品涌进大陆市场，《向左走，向右走》《飞鸟与鱼》《听几米唱歌》《微笑的鱼》《地下铁》《布瓜的世界》《我只能为你画一张小卡片》等一时间蔚然成风。这类童话般美好的作品以图画为主，诗情画意，辅以简约、优美、极富哲理的隽永文字，图文俱佳，在这个读图时代中非常受大家的欢迎，如图 1-27 所示。

几米的作品受欢迎的原因有三：一是它描摹都市生活情感，表达出一些人们非常熟悉、只可意会而不可言传的感觉；二是它的图画精美得使人爱不释手，文与图相得益彰，形式新鲜、活泼有趣；三是它的故事简单却富于深意，开始只是写给孩子们看的儿童读物，久而久之竟得到了大众的青睐。

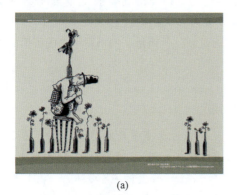
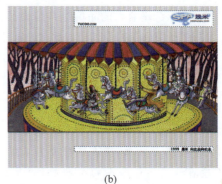

(a)　　　　　　　　　　　　　　(b)

图 1-27　几米作品

(二)

我国台湾另一位漫画家朱德庸的漫画系列《粉红女郎》《涩女郎》《双响炮》等受欢迎的程度更是非比寻常。漫画插图简练概括，描摹众生百态，文字睿智诙谐，令人轻松幽默，富于人生哲理。朱德庸的书为人们开启一扇心灵的窗。

与本文所评述的专业书籍装帧设计家对于一本书的全面策划包装所不同，这一类新型的流行书籍却是将一本书的文字、思想、内容、插图及全书的样式集于一个作家兼画家同时又是设计师的聪明人身上，简单却也赢得了大众市场。对于专业的书籍设计来说，这种非常大众化、低成本的成功中并没有太多的书籍装帧设计的信息可言，然而这简单完美、别具一格的通俗文化中，却也包含着读者看待一本书的形式与功能的立场，新型的书籍设计如图1-28所示。

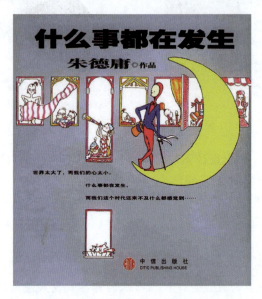

图1-28 新型的书籍设计（朱德庸作品）

装帧设计在近两百年的发展中，给社会和人类提供了极大的方便，促进了人们的信息传达，刺激了思想的沟通和交流，也同时形成了一种新的视觉艺术和视觉文化范畴。随着国际交往的频繁、贸易的发展、技术的进步，装帧设计所肩负的任务必然越来越重。

虽然装帧设计的语言运用变化万千，但是其服务的对象还是人：人的生理审美要求（包括简单物理功能要求——体现在装帧设计上就是视觉传达的迅速和准确要求）和人的心理审美要求（美观、大方、典雅、合乎自己的品位等），这些其实并没有多大的改变。因此，对近两百年来装帧设计语言发展的研究和装帧设计语言运用的研究成为重新估价衡量新的书籍审美的价值标准。

 小贴士

几　米

几米1958年11月15日生于中国台湾宜兰，现住在台北市罗斯福路六段142巷20弄2-3号。文化大学美术系毕业，曾在广告公司工作12年，后来为报纸、杂志等各种出版品画插画，1998年首度在台湾出版个人的绘本创作《森林里的秘密》《微笑的鱼》，1999—2001年陆续以《向左走，向右走》《月亮忘记了》《我的心中每天开出一朵花》《地下铁》等多部作品，展现出惊人的创作力和多变的叙事风格，在出版市场兴起了一阵持续至今、热力不减的绘本创作风潮。

第四节　现代书籍设计的认识

　　书籍装帧设计艺术作为一门专业的设计门类，在我国的发展已经有一段历史了，但却在很长一段时间被人们忽视。在计划经济时期，书籍装帧设计优劣的评判标准主要是其学术性，很少考虑装帧设计对图书促销的作用。对于书店和读者在书籍装帧方面的需求与反应，可以说是不太重视的。

　　随着社会文明程度的提高、市场经济的迅猛发展、图书市场的激烈竞争、计算机数字技术的出现，再加上书籍设计师观念的更新，书籍设计的审美功能和文化品位都得到不断提升。书籍装帧艺术的价值越来越受到人们的认可，书籍装帧的风格和制作工艺也层出不穷，精彩纷呈。同时，市场经济也为书籍设计师带来了机遇和挑战，提出了许多新的思考。设计观念、设计手段、设计方向也都在市场经济条件下有了深刻的变化，具备了很多新的特点，这也是整个设计师群体水平普遍提高的一种反映。

　　图书是一种精神产品，也是一种特殊的文化商品。既是商品就有包装，书籍装帧设计就是这种特殊商品的包装。众所周知，在市场经济中，商品包装对商品促销起着相当重要的作用。图书作为一种特殊商品，要在市场竞争中取得成功，除了要继续对选题和文稿质量深入把握之外，对书籍设计的市场功能及设计要素进行研究，也是一项刻不容缓的课题。

一、市场经济对现代书籍装帧设计艺术发展的影响

（一）市场经济推动了书籍装帧艺术观念的更新与转变

　　市场经济的建立，带来创新技术和创新产品的不断涌现；而激烈的市场竞争不断推动产品和消费的发展，同时也不可避免地推动了书籍装帧艺术观念的更新与转变，改变了过去"只要内容不要皮""酒香不怕巷子深"的旧观念，书籍装帧艺术价值得到了高度的肯定。

　　由于受到门类繁多的新媒体的挑战，图书曾经的主流媒体的地位已成为记忆。面对电子阅读的威胁，甚至连图书作为物质形态而存在的价值也遭到了动摇。正是由于这种"皮之不存，毛将焉附"的忧虑，反而使书籍装帧作为一种艺术的独立存在变得更加重要，书籍以开本、纸张、色彩、插图、版式等营造出的艺术个性承担起了作为物质存在的书籍不能被消亡的责任。

（二）书籍装帧艺术具有商业价值

　　而今的出版业正是在市场经济的带动之下，打破了以前的"大锅饭"的运作机制，以新时代崭新的面貌把很多精心策划打造的经典书籍呈现在书架上。中国少年儿童出版社、接力出版社、二十一世纪出版社等市场经济下的佼佼者的专柜书架前总是挤满了可爱的孩子们。

　　出版界有一句很流行的话："读者买书，一看名，二看皮，三看内容。"因为图书市场的运作规律，总是对那些装帧精美的图书给予特别的青睐，对书籍装帧艺术中的商业价值给予充分的肯定。出版社的社长、总编辑、编辑、发行人员都对书籍的装帧非常重视。每个封面都要认真的审订，因为它直接关系到出版社的经济效益和企业形象。

　　市场经济下的书籍装帧艺术离不开市场需求，所以了解有关市场背景至关重要。如不了解市场的要求，书籍装帧设计实际上也就失去了自身存在的价值。

　　市场是买卖双方进行购买和出售书籍交易活动的地点与区域。出版社出什么样的书是由市场来决定的，书籍装帧一直是和书联系在一起的。因此，设计和市场因需求而有不可分割的

联系,这就为设计提供了方向。设计师如果缺乏市场的大观念,其设计是会夭折的,经不起市场的考验,暗淡地淹没在书堆中。

市场的需求在一定意义上成了设计的一个重要基础和衡量设计成功与否的尺度。但是,现代书籍设计的学院派轻视书籍设计的商业功能,他们强调书籍设计的整体性和所谓的"构造"性,强调版面设计的经营与材质的艺术手感,并不强调产品的成本核算与书店的意见反馈,而这两项刚好是处于市场竞争态势中的出版商们最关心的问题。

(三) 书籍装帧艺术具有对市场需求的引导作用

在设计和市场的关系中,书籍装帧艺术同时也具有对市场需求的引导作用,这是由设计本身所具有的创造性和未来性所决定的,它不仅适应市场需求,而且还能创造出市场需求。这种新的市场需求实际上是由新设计引发的,因此可以说,是书籍装帧艺术设计创造了一个新的书籍市场。

二、书籍装帧设计艺术的时代审美感在市场经济中的价值体现

艺术作品中所显现的时代精神是构成艺术品美感的重要因素,每个时代有每个时代的美,设计的作品要有时代感。在书籍装帧艺术设计中要把握时代精神,是每一位装帧设计者面临的问题。

(一) 书籍装帧设计体现整体美

书籍装帧属于艺术的范畴,书籍装帧的性质决定了书籍封面的文化性和艺术性。虽然书籍作为精神商品也卷入了市场经济的漩涡,利用封面做广告招揽征订的确发挥了一定作用,但绝不等同于一般商品包装那样随着商品的使用价值的启动而完成和废弃。

市场经济中书籍装帧艺术从以前简单的封面设计过渡到现在的从封面、环衬、扉页、序言、目录、正文等书籍整体设计,以二元化的平面思维发展到一种三维立体的构造学的设计思路。我国先秦思想家荀子说:"君子知夫不全不粹之不足以为美也。"(《荀子·劝学篇》)他极为强调美的整体性。孔子说:"《韶》尽美矣,又尽善也。"孔子"尽善尽美"的审美理想中,"尽"字也表达了"全部""整体"的含义。

任何一本精美的书都有个共性——整体性。西方美学家说过,"一个物体的视觉概念,是从多个角度进行观察后的总印象"。所以视觉物体是运动的事件。还有一位美学家说过,"一件雕塑或建筑只有从各个角度被观察后,我们才能知道整体美"。整体美这一概念在设计过程中贯穿于各个局部之间,游离于表里之外,在书籍装帧艺术设计的各个细节设计表现中是一条尤为重要的设计原则。这个美不局限于视觉美感。一本好的书籍设计应该是"五感"体验的整体的感官享受。

(二) 书籍装帧设计观念的变化提高了经济效益

市场经济推动着商业大潮,使一直被视为高雅文化的书籍,也在汹涌的大潮中改变了原有温文尔雅的面貌。商业大潮的神奇魔力,不但提高了书籍装帧艺术的地位,而且还塑造了书籍装帧风格的流行倾向。

近年来,随着我国经济的高速发展、人们物质文化生活的提高,审美的需求更加多元化,对书籍装帧的审美要求也越来越高,仅仅以中国传统的朴素之美来设计已不能满足读者对书籍装帧的审美要求。于是,书籍装帧设计的观念也发生了巨大变化,这种变化的表现形式就是在材料与印刷工艺上越来越讲究了,而且贵重材料的运用也越来越多,前些年书籍装帧界出现了"金银热"的现象。

目前,随着印刷工艺、装订工艺的不断提升,我国的"书脸"的确在精致和豪华上达到了一定的高度。烫金压膜屡见不鲜,撒金粉加硬皮、用PVC材料做封面、用红木做函套等花样百出,书籍设计插入精美的插图等各具风格的设计层出不穷。

案例

中国青年出版社的《藏地牛皮书》,外形方正,书边全部为黑色,和封面的黑色成为一个整体,内文版式设计了大量的箭头,如图1-29所示。这种独特的风格出现在市场后,很多旅游类的图书都开始效仿,产生了很大的经济效益。

图1-29 《藏地牛皮书》书籍封面

(三)书籍装帧设计的艺术性促进了文化建设和经济发展

书籍装帧的艺术性总是为出版者带来明显的经济效益,我们在工作实践中都有体会,一些书籍正是由于书籍装帧中较强的艺术性为发行增添了很高的印数。精美的书籍装帧就是一个无声的推销员,本身就有一个广告作用。漂亮的封面像一张好广告,能唤起人们的购买欲望,使读者下定决心购买。

由于装帧质量不同,在图书市场中的销售效果也很不相同。精美的装帧可以成为书籍的附加值,书籍装帧艺术本身也可以成为图书市场的卖点。但是又并不意味着书籍装帧艺术等于做商业性的广告,它所包含的商业性应理解为一种蕴含在书籍装帧设计中的市场意识。

因此,市场经济条件下的书籍装帧艺术设计的审美要不断服从于市场开发的需求。设计思路要以时代意识为基础,帮助书籍装帧艺术在市场经济条件下走上健康发展之路,使书籍装帧艺术在充满丰富文化内涵的同时,促进我国文化的建设和经济发展,提高企业效益,更大程度上满足人们的精神要求与物质要求。

三、市场经济中书籍装帧设计师应具备的素质与能力

目前,图书市场已形成买方市场,各种读物铺天盖地,使读者有无所适从之感。有的书店,相似甚至相同的读物就有几种甚至是几十种之多。面对市场经济大潮对书籍装帧设计艺术的巨大影响,设计师必须加强自身的素质、提高自身的修养,唯有如此,才能适应市场对书籍装帧工作提出的要求。

作为市场经济中一名优秀的书籍装帧设计师,至少应该具备以下4种意识。

（一）沟通意识

一本书装帧设计的成功，不仅要依赖一个有才华的设计师，还要依赖有眼力的好编辑。装帧设计就像做菜一样，需要文编和美编的配合，才能色、香、味俱全，沟通很关键。

文字编辑作为选题的策划者、文稿的审读加工者，也应是图书装帧形式的参与者、设计方案的支持者。如果没有沟通或沟通太少，很容易造成设计观念上的脱节。双方意见的不一致，导致设计的失败，加上文字编辑往往考虑降低成本，使设计者很多新的创意都夭折，所以造成很多庸俗的设计作品在市场上出现。

（二）整体策划意识

一位合格的书籍装帧设计师在设计之前应该了解和研究该书的内容与市场价值、阅读群体，市场同类书的设计方式、反响程度、印刷工艺、价格定位；了解读者的所思、所想、所求；在其实用性的"硬价值"背后有何心理性、情感性的"软价值"等。

根据书的内容和这些需要去进行整体性、全方位的设计，去确定怎样以新的面孔从琳琅满目的书架中跳跃出来，装帧精美、全方位设计的书籍装帧如图1-30所示。

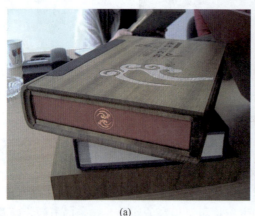
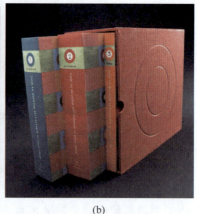

(a)　　　　　　　　　　　　(b)

图1-30　装帧精美、全方位设计的书籍装帧

（三）民族文化意识

20世纪80年代以来，装帧设计界和其他设计界一样，受到新的媒介和新的设计技术的挑战，并迅速地运用到设计的全过程，取代从前的手工劳动。计算机进入中国设计家的视野之后，每个设计者在设计实践中都亲身体会到：计算机是种高效的设计语言工具，但不是万能的。

很多书籍设计者一开始接触计算机的时候，就为计算机带来的绚丽效果感到欣喜若狂，而沉迷于计算机的几个特技效果，设计的东西都是千篇一律，商业味十足。设计的内涵在于具有创造性的思维和完备的文化修养。人和计算机相比，人的价值在于独创。在设计中注重计算机技术的运用往往是不够的，人的思维创意和设计的严谨是计算机所不及的。中国当下的设计的现实是，手绘和计算机设计同时存在，从整体到形式都能体会到传统文化的时代感，具有民族特点的书籍装帧如图1-31所示。

图1-31　具有民族特点的书籍装帧

我们处在一个充满浮躁的市场经济时代,信息化、全球化、商品化蜂拥而上,国外各种艺术思潮让设计师们应接不暇。面对这么多丰富的资源可以取用借鉴,我们有一点找不到北了,有些人甚至认为抄西方的设计样式是一种时尚。

然而单一模仿而来的作品可以作为我们的东西而让世界欣赏吗?中国大众开始接受外来的东西时是有好奇心的,就像吃惯了米饭,偶尔换换西餐,味道也不错,但长此以往,是受不了的。当国人厌倦了商业的重复之后,还有什么能摆脱他们的审美疲劳呢?说大一点这就是在扼杀本国文化的发扬,在慢性自杀。

可以从中华历史、传统艺术工艺、图案里面汲取的营养很多很多,抛弃了传统的设计是无本之木,无源之水,昙花一现。中国没有经历工业革命,没有现代设计运动,但是我们的传统艺术却是光彩夺目的。这并不是说照搬照抄传统就是好的设计,抄古人的和抄西方的都是可耻的。应该注入新的元素,既能体现本土性,又能为丰富国际艺术设计提供我们自己的智慧,用现代人的思想去理解、去表现书籍装帧艺术设计的美感、时代感,如图1-32和图1-33所示。

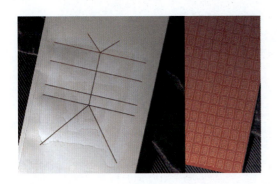

图1-32　具有美感的书籍装帧

图1-33　具有时代感的书籍装帧

(四)市场意识

书籍装帧设计艺术的时代审美感在市场经济中的重要价值,要求书籍装帧设计师要研究市场,研究图书装帧的风格的流行趋势,研究图书上架后的效果,研究读者对的需求等。在市场经济的大潮中,只有把书籍装帧艺术的艺术性和商业性对立的方面统一起来,才是出版社占领市场的有力武器,这样设计出来的书籍才可能有市场竞争力和广阔的市场。

本章小结

书籍是人类思想交流、知识传播、文化积累的重要依托,承载着古今中外的智慧结晶。大师吕敬人说:"书籍设计最重要的是促成有趣的阅读。"而装帧艺术,有其不可忽视的力量,因为它比书的内容骨肉更快地闯入读者的视野。

随着社会的进步,对书籍装帧设计师的要求更高一些,他们应具备较高的沟通意识、整体策划意识、民族文化意识、市场意识。只有这样,中国的书籍装帧设计市场才能朝着更快更好的方向前进。

思考题

1. 怎样看待我国古代的书籍装帧？它对现代书籍设计的影响如何？
2. 你对书籍设计的现在和未来是如何看待的？
3. 怎样理解书籍设计的主要目的是促成有趣的阅读？

实训课堂

从书店找出 5 本不同题材、种类的书，调研分析书籍装帧设计的现状，以及中外书籍装帧设计的不同风格。

第二章

书籍形象设计

学习要点及目标

1. 了解书籍的封面、书脊、封底设计和形态辅助设计的 7 个组成部分；
2. 了解每个组成部分的概念和设计要求；
3. 了解如何在传统的设计文化上开发创新思路。

核心概念

封套和护封设计，封面、书脊、封底设计，环衬页设计，扉页设计，目录页设计，内页版式设计，版权页设计

 引导案例

Mined 是一本 544 个版面的，讲解服饰及其配饰设计为内容的书籍。要阅览此书，需要先将书籍的塑料包裹面撕开，书籍的书脊处也是让装订线一览无余，制造的视觉感受由于独特的设计直接表达了出来。书页之间需要你亲自动手剪开，才可以将内容全部掌握，创造出一种表面的破除带来的思想的重组，也增加了读者阅读期间的参与感。随书会夹带剪刀、针和线，又再次传达了该书籍是一本关于服饰及其配饰设计的内容，这样独特的书籍形象设计相信你的读者在书店看到一定觉得欣喜有趣，并愿意阅读体验。那么书籍设计如何展开？又如何吸引读者感受到书籍内容，并使书籍达到应有的深度思索？

本章导读

书籍形象设计，包括从内到外、从前到后的整合设计过程。是一个从内容到

形式的完整创新设计，创作出风格一致、内在联系密切的统一体。归纳起来书籍形象设计主要包含7个方面：封套和护封设计，封面、书脊、封底设计，环衬页设计，扉页设计，目录页设计，内页版式设计和版权页设计。每一项相对独立的设计形象，都要为书籍内容的准确传达、书籍内容与人们心理的契合以及中华文化的流传而服务。

下面就每一个项目的设计概念和形象特征加以介绍。

第一节　书籍形态概述

 引导案例

书籍设计者要具有对文本进行从整体到局部、从无序到有序、从空间到时间、从概念到物化、从逻辑思考到思维联想、从书籍形态到传达语境的整体设计观念，也要具有感性创造和理性的秩序控制能力。

书籍设计大师吕敬人的设计作品《中国民间美术全集》（图2-1和图2-2）就很好地体现了书籍形态的整体设计观念。全书采用统一的书函底纹、封面格式、环衬纸材、分章隔页、板芯横线和提示符号，而每个分卷则以相同的文字编排不同的色彩和图形的方式体现整体中的局部个性化特色。正是这种整体中的变化让各卷横向的连续性保持，能使读者阅读全书的视线有序流动；并在整体结构统一的前提下完美地把文字、图像、色彩、素材等元素进行组织和搭配，使每个装饰性符号、页码或图序号都是在整个书籍形态整体运筹下进行设计变化的。

每个细小的要素在整体结构中进行聚集，焕发出了比单体要素更大的表现力，并以此构成书籍视觉形态的整体连续性，使得读者进入视觉阅读状态是整体的、连续的、流畅的，如同绘画中的明暗调子，音乐中的音符旋律。让书籍设计是"全书秩序感的存在，它表现在所有的设计风格中"，同时书籍设计的整体观念也贯穿于读者整个阅读过程中，如图2-1和图2-2所示。

图2-1　《中国民间美术全集》剪纸卷

图2-2　《中国民间美术全集》服饰卷

吕敬人先生说，"完美的书籍形态具有诱导读者视觉、触觉、嗅觉、听觉、味觉的功能"。一册书拿在手，首先体会到的是书的质感；通过手的触摸，材料的硬挺、柔软、粗糙、细腻，都会唤起读者一种新鲜的观感；打开书的同时，纸的气息、油墨的气味，随着翻动的书页不断刺激着读者的嗅觉；厚厚的词典发出的吧嗒吧嗒重重的声响，柔软的线装书传来好似积雪沙啦沙啦的清微之声，如同听到一首美妙的乐曲；随着眼视、手触、心读，犹如品尝一道菜肴，一本好的书也会触发读者的味觉，即品味书香意韵；而作为整个读书过程，视觉是其中最直接、最重要的感受，通过文字、图像、色彩的尽情表演，领会书中语境。

可见，书籍形态设计就是一种物质的精神再创造后物化的书籍形态。书籍形态的整体设计所表达的"五感"，创造也体现和刻画时代印记的美，给现在的以至将来的书籍爱好者带来美好的阅读记忆。

书籍形态设计是书籍装帧设计的重要环节，这不仅仅说的是封面设计，还包括与封底联结部位的书脊设计，还有封底设计。书籍形态设计只有与封面、封底、护封、勒口等设计的完美结合，才能彰显出书籍之美。

书籍设计的艺术性、书籍设计的整体性以及书籍设计的功能性都无不体现在书籍形态设计过程中。书籍形态同时还具有向读者提供审美愉悦和吸引潜在顾客、促进书籍传播与销售的功能。

封面、封底及书脊是与书籍的内文联系最密切的外面貌，如图2-3所示。它直接起到介绍书籍内容、传递书籍性质、展示书籍风格的作用，所以这里的设计应该是具备语言精练、表述准确、风格明确和新颖独创的特点。通过优良的设计表现，使读者在选择时有购买行为，又能在购买后将之视为有收藏价值的书籍。

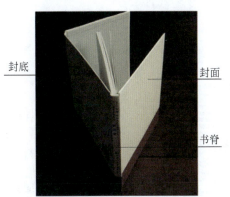

图 2-3　封面、封底、书脊图示

第二节　封套和护封设计

书籍的设计包括平装书、精装书和特种书3种。平装书由于要节约成本，扩大销量，所以通常不会设计封套，但是现代书籍装帧设计在平装书的封套设计上也做足了工作。护封设计在平装书中是最常用的方式，当然在精装书和特种书设计中均可以应用。

一、封套设计

封套又称为书帙、书函、函套、书套或书衣。在精装书、系列书和特种书的出版中常用，不同的封套设计如图2-4和图2-5所示。目前的平装书中也在部分的运用封套设计，创造出新颖的设计，如图2-6所示。封套设计可以加强书籍的保护和存放功能，同时书籍的精美、细致和考究之感尽显。

封套设计要求必须与封面设计的整体风格和质感和谐统一。例如，封套设计运用黑色调，封面设计运用白色调，色彩虽然是对比关系，却可以在封套设计和封面设计中均加强简约的风格，或者以黑色和白色相同特种纸的应用方式寻找对话。

图 2-4 《黑龙江抗日历史图鉴》封套设计,王绘

图 2-5 《2006 中国·哈尔滨艺术高峰论坛全国著名画家邀请展作品集》封套设计,吴晓慧

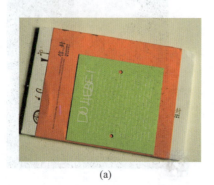

(a)

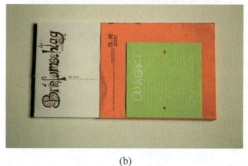

(b)

图 2-6 平装书的封套设计

封套所使用的材料以纸板或木板和织物或纸张裱贴而成,还有采用皮革或金属制作而成的,但是较少运用,多是由于成本高的原因,但是其具有极强的触觉张力,如图 2-7 所示。

图 2-7 《全本红楼梦》封套设计

在封套设计中取其稀少而精致的特征。可以有图形,如果是运用较厚的纸板作为封套,图形面积一定要控制,不要超过开本1/3的面积。当然图形可以是印刷的形式,可以是闷切出的形式或是粘贴异种色织物的形式;也可以在封套设计中只用书名,即不设计作者名和出版社名。但是在封套背面一定要有方便找到的条形码,有利于购书时的操作。

应用泡沫板、塑料等特殊材料的创意封套设计在现代设计中也给人留下深刻印象,如图2-8和图2-9所示。

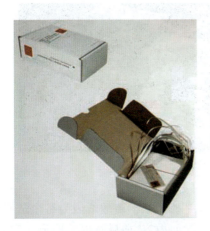

图2-8 Das Buchobjekt 封套设计,Robert Schafer

图2-9 You Can Find Inspiration in Everything 封套设计,Jonathan Ive

 小贴士

1. 封套的质材

封套的媒介选择很重要,不仅涉及附加开支的清晰认识,而且表达设计背后蕴含的许多观念。如果没有此认识,就无法理解这个重要的信息载体。现代设计中对非传统纸张等印刷材料的尝试与性格抒发在不断创造惊喜。

2. 封套的技术性处理

这是唤起每个人童趣心的童话般的设计。创造性地应用了裁切技术是中国剪纸般的魔法所创造的意想不到的效果。

二、护封设计

护封又称为护书纸或包封,即包住书籍的部分,包括了封面、封底和前后折口。由于是护封,所以体现在保护封面的基本意义上,防止封面的易脏、易损。而现代的护封设计已经不是简单意义上保护作用,一种是可以取代封面,设计方式完全是封面语言,所以实质的封面只是白色的纸张了,这种包裹整个封面、封底与书脊,并且具有前后折口的方式被称为全护封,如图2-10所示。

另一种护封设计主要具备的是广告效应,如果是小说,则可以在护封上设计此书的畅销情况,以及名家推荐的字样;如果是纪实性内容的书籍,可以设计事情中最吸引人的关键性情节或文字;如果是杂志,可以设计本期当中最重点的内容;如果是某人的理论思想专著,甚至可以设计书名和作者名在护封上。这种特征的护封称为半护封(图2-11),可以占据开本高度的

1/2、1/3、1/4 或 3/5 等，一定要根据书籍的整体设计需要而定。有设计师巧妙地设计了全护封和半护封相结合的方式，在全护封上设计该书作者的精彩镜头作为底图，在半护封上设计的反而是书名与作者名，整体风格比较独特。

图 2-10　全护封

图 2-11　半护封

护封应用材料以纸张为主，可以是铜版纸、亚粉纸或是硫酸纸。硫酸纸因为是半透明的，具有朦胧而不闷吞、舒雅而不冷漠的特点，又可以半透出封面内容，前后页面的图形文字交互透叠。但一定注意硫酸纸对湿的物理环境有反应，容易卷页或变形，一旦纸张变形就很影响书籍的美观。

运用半透明的布质做护封也是很吸引人的设计，和朦胧显现的封面字与图形成丰富的视觉效果，而且手感绵软，如图 2-12 所示。

图 2-12　半透明的布质护封

 小贴士

1. 护封的促销作用

书籍由于是特殊的文化商品，所以在宣传和促销时，注重的是体现出书的文化内涵，使其达到赏心悦目、脱颖而出的目的，以吸引受众的注意，使其做出明智的选择。

2. 护封的材料印刷

在印刷前应充分考虑你所设计的书籍将要展示出何种特性，需要材料的柔韧性、防水还是硬度；在印刷后考虑是否切边、雕刻、贴箔、粘贴、打孔还是折页。

第三节 封面、书脊、封底设计

一、封面设计

封面是书籍装帧的重要组成部分,是书籍最外面的包皮。封面也称为"书皮""封皮""书面",中国古代则称为"书衣",形成于书籍成为册页形式之后。有人这样说:"封面是以纸张或其他装帧材料制成的书刊表面的覆盖物。"

封面是由 5 个二维空间构成的长方体空间,图形、文字、色彩在这个空间中按设计师导演的节奏、形式铺展开来,形成优美的组合形式,引导读者购买。

(一)图形设计

创造并使用一幅好的图形等于书籍形态设计成功了一半。无论封面设计中使用具象还是抽象的图形,图形的内在构成元素所形成的韵律、节奏、色彩以及点的组合、线的曲柔刚直、面的大小等,在整体的视觉感受上都要有极强的联想提示性,即读者在翻阅内容提要或浏览(文字)内容后,感觉或认可这个图形所形成的视觉刺激符合这本书的内容。

因为图形含有丰富的内涵,因此它是封面设计创意中重要的表达元素之一。图形设计和书籍内在气质要吻合,这是书籍形态塑造的关键性环节。当各种形象素材摆在一起时,设计师在组合时需要注意以下 3 个方面。

1)具象与具象的组合

具象与具象的组合后要变化出有象征意义的图形,视觉感受要有抽象意义,图形背后要蕴含着有趣味的提示,这样的图形具有极强的感染力。如形象间的矛盾组合、破碎的边缘和整齐划一的轮廓线的并置、形象局部的无限放大与缩小、具象形象大小结合使用等,这些均能在组合后使人产生无限的遐想,封面上的具象与具象图片组合形式如图 2-13 所示。

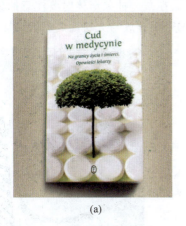 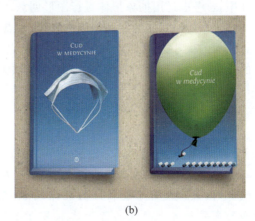

(a)　　　　　　　　　　　　　(b)

图 2-13 封面上的具象与具象图片组合形式(波兰,Urszula Bogucka)

2)具象与抽象的组合

具象与抽象的组合是较常用的图形组合方式,视觉效果生动,有相当的深度空间感觉。组合的关键是在形象间构筑出一种奇特的空间效果,如活泼的、生动的形象组合,逼真的形象要素和纯净色块的组合与并置;在形象要素中融入不规则的点、线、面,形成新的图形表达;抽象形体占主要空间,其间穿插一个逼真的形象要素。

在具象与抽象的组合间形成的图形会产生富有趣味、灵敏、生动的视觉效果,以吸引读者的关注,诱导读者潜在的消费欲求,封面上的具象与抽象图片组合形式如图 2-14 所示。

(a)

(b)

图 2-14　封面上的具象与抽象图片组合形式

3)纯抽象的组合

纯抽象的组合能产生新奇、有节奏、有韵律的视觉感受。抽象组合的要素为点、线、面,在空间中按照设计师设计进行精心的放置,能产生千变万化的视觉效果。不过,对抽象要素产生的抽象美,设计师要有一定的把握。因为事物间均有其对立面的存在,抽象美之外必定还有抽象丑。

在设计中,若考虑运用抽象形体进行图形创意,那么在塑造抽象形体时要注意抽象要素即点、线、面的对比。如柔和的曲线和粗硬的直线,小点的密集摆放与大块面之间的穿插,点的使用、线的结构、面的大小之间的空间分布与呼应,点、线的对应与面的张力间的逻辑感与秩序感,这些均是抽象要素组合时要精心构想的关键点。

案例

图 2-15 是著名书籍装帧设计 *Marshall McLuhan Unbound*,这本书探索解释了《麦克卢汉的哲学》。在本书的书籍装帧中,他大胆使用了纯抽象的设计风格,柔美的线条和饱和的色彩与麦克卢汉的哲学这本书的自由而不受拘束的写作风格相得益彰,使人产生无限的遐想和沉思。

(二)文字设计

一部书的整体设计是为了把这部书的文字思想内容转化为视觉形象,而封面是读者认识书籍的第一依据,它

图 2-15　书籍装帧(*Marshall McLuhan Unbound*)

肩负着把作者思想第一时间传达给读者的任务。不可替代的是每本书的封面上都要有书的名称,这是书籍设计区别于其他平面设计种类的一个最显著的特点。

作者著一部书,其思想必将倾注其中,而其浓缩之处在于书名,书名是封面设计中绝对不可或缺的要素。书名字体的优劣,不但影响其形式感的表达,更决定着对作者思想的贯彻程度。一个好的书名字体符号的设计会使作者的思想有着更为丰富的延展性,这决定了文字符号必将在封面设计中起到视觉传达的作用,也决定了文字符号将最直接地成为书籍整体思想的代表乃至书籍整体思想的延伸。

封面的特性是从书的特点延伸而来,所以,封面就要具有其对书籍(作者)思想的传达性,它给读者的视觉感知必须能使读者了解其封面所包含内容的实质。

1) 文字符号在封面中的运用

在封面设计的任务、要素和广告性中,文字符号都占有很重要的位置。但要论述文字符号在封面设计中的视觉传达,仅论述封面设计的任务、要素和广告性是远远不够的。还要谈到另一个,也是更重要的方面:文字符号的定义和特性。

现在国内比较确定的一个定义是:文字是记录语言的符号体系。在刘又辛和方有国所著的《汉字发展史纲要》中提道:"文字是人类用以进行交际、记录语言的视觉符号体系。人们有许多为表示某种信息而制定的符号,但是除了语言和文字以外,都不是完整的体系。"从中可以分析得出文字是一种符号体系,并且它起到的功能是用于交际和记录语言。也就是说,文字本身就具有传达作用,是记录语言的。小而言之,具有的是视觉传达的作用;文字还有用以进行交际、传载人类思想意识活动的作用。

结合封面设计的任务,这些从文字定义中分析出来的作用决定了文字符号的视觉传达性和思想的延伸性必然会在封面设计中有着重要的地位,文字符号在封面设计中的运用(封面效果)如图 2-16 所示,文字符号在封面设计中的运用(立体效果)如图 2-17 所示。

图 2-16 文字符号在封面设计中的运用(封面效果)　　图 2-17 文字符号在封面设计中的运用(立体效果)

强调文字符号在封面设计中的视觉传达并不是仅要强调文字符号,因为在封面设计中毕竟还有多种要素。图形符号、色彩及素材的选取也将决定着一部书的品位与文化内涵,只是相比较而言,文字准确的双重传达意义是独一无二的。只要在封面设计中重视文字符号的设计,把它与其他要素有机结合,使整体设计体现出井井有条又韵味十足的秩序美——这秩序的网幕是由各个设计师用匠心组织文字、点、线、光、色或形体而形成的和谐的形式,这样就能使设计作品意境悠远,表现力丰富。

文字是一种形象化的表现,等于文字符号的作用。纵观当今海内外著名设计师的作品,就能体会文字符号在封面中的视觉传达作用和思想意识的延伸作用。

2）书法在封面中的运用

中国书法艺术，本身就是一种绝妙的线型设计。这种线型设计，从有汉字的那天开始就在不断地演进、升华。直到今天，这种线型设计已经走向全世界，成为许多外国艺术家和设计师常常借鉴的艺术创造手法。

我国一些现代艺术家和设计师也不断地从中国书法中汲取营养。看他们的作品，于有意无意之间，都渗透着中国书法艺术的精髓。在这方面，香港的靳埭强是很有代表性的，也是很有成就的。他的许多作品如《日本宗教团体》杂志封面（图2-18）、美国《传递艺术》杂志封面（图2-19）等，都有着中国书法艺术的影子，甚至他把书法直接用于设计中，使书法字体有着不可抗拒的魅力和视觉传达力，书法在封面的应用如图2-20所示。

图2-18　《日本宗教团体》杂志封面

图2-19　美国《传递艺术》杂志封面

案例

书法在封面中的运用

案例说明：图2-20是吕敬人设计的《朱熹榜书千字文》。在设计构想中吕敬人写道："宋代名家朱熹大书千字文墨迹粗犷豪放，道丽洒脱。以原大小复制保持了原汁原味，寻得一种古朴的书籍形态，高幽大气，形式与内容相得益彰。"最终作品的函套上将一千个字反向雕刻在桐木板（仿宋代的木雕印刷版）上。封面设计以中国书法的基本笔画点、撇、捺作为上、中、下3册书的基本符号特征。

案例点评：整部书的设计都是由文字符号组成的，文字的组合和文字之间空白的疏密节奏的把握恰到好处，导向性明确，信息的传达也生动鲜明。不但在视觉感官上起到良好的效果，在对整部书的内容贯彻上也很坚决。给读者以视觉上和心理上的暗示，有理有节地烘托了气氛，有效地延伸了《朱熹榜书千字文》一书的思想内涵。

(a)　　　　　　　　　　　　　　　　(b)

图 2-20　《朱熹榜书千字文》　吕敬人

3）文字组合形式在封面中的运用

在封面设计中，文字设计的组合形式是多种多样的，而不同的组合形式就会产生不同的视觉传达的作用和影响。文字设计的成功与否，不仅在于字体自身的书写，同时也在于其运用的排列组合是否得当。如果一件作品中的文字排列不当、拥挤杂乱、缺乏视线流动的顺序，不仅会影响字体本身的美感，也不利于观众进行有效的阅读，难以产生良好的视觉传达效果。

要取得良好的排列效果，关键在于找出不同字体之间的内在联系，对其对立因素予以和谐的组合，在保持其各自的个性特征的同时，又取得整体的协调感。

为了形成生动对比的视觉效果，可以从风格、大小、方向、明暗度等方面选择对比的因素。无论文字采取哪种排列，都会使文字、图形、图案、标识在视觉和感知上有着不同的整理与配置，使其成为具有最大诉求效果的构成语言和技巧，文字组合形式在封面中的运用如图 2-21 所示。

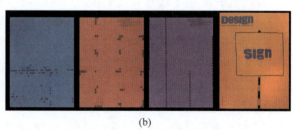

(a)　　　　　　　　　　　　　　　　(b)

图 2-21　文字组合形式在封面中的运用

【案例】

文字组合形式在封面中的运用

案例说明：图 2-22 和图 2-23 是吕敬人最满意的作品之一——《子夜》（手迹本）装帧设计。《子夜》书稿是中国文学巨匠茅盾先生所剩的唯一一部手迹本，极为珍贵。

案例点评：封面书函的造型和设色能力突破传统书籍装帧的固有模式，尤其是"子夜"两个字的字体选择与内容相辅相成。字体衬在菱形的灰色块下，加之恰到好处的文武线的组合，展示给读者明晰的、怀旧的感觉。

跳动的文字符号形成了特殊的媒介传递方式，充分注入了传统与现代兼容的意识，突出茅盾先生的作品是反映新旧两个世纪交替中的人物命运。着力营造氛围，使读者将形式转化为对内容的感知。

图2-22 《子夜》书籍装帧展开整体效果

图2-23 文字组合形式在《子夜》书籍封面中的运用

（三）色彩设计

色彩设计是连接设计空间诸元素的黏合剂，鲜活的色彩组合能调动消费者的阅读兴趣。色彩依附于形体与文字之上，文字与图形间要形成有效的空间表达，组成强有力、有节奏感的信息传导空间，其中色彩起到很重要的作用。当然，色彩设计是受总体创意限制的，是一种表现手段，应符合整体设计的要求。

在远距离及距离不同的空间中，色彩表达优于形的表达。可以说，在书籍脱离人的阅读距离时，色彩是吸引读者注意的有力手段。封面与色彩结合后，对视觉传达的作用也是很明显的。在艺术设计领域里，色彩始终是一个非常重要的视觉要素。

色彩是由书的内容与阅读对象的年龄、文化层次等特征所决定的。鲜丽的色彩多用于儿童的读物；沉着、和谐的色彩适用于中、老年人的读物；介于艳色和灰色之间的色彩宜用于青年人的读物。对于读者来说，因文化素养、民族、职业的不同，对于书籍的色彩也有不同的偏好。

在书籍的封面设计中，利用色彩的感觉、感情，可以加强文字的个性；利用色彩的明暗、进退、胀缩等感觉，可以使平面的空间变得有层次；利用和谐或对比的色调可以营造出不同的情调气氛。

案例

描写革命斗争史迹的书籍宜用红色调；以揭露黑暗社会的丑恶现象为内容的书籍则宜用白色、黑色；表现青春活力的书籍最宜用红绿相间的色彩。色彩具有多方面的表现力，可大大丰富字体设计的效果，对视觉传达起着至关重要的作用，色彩在封面中的运用如图2-24所示。

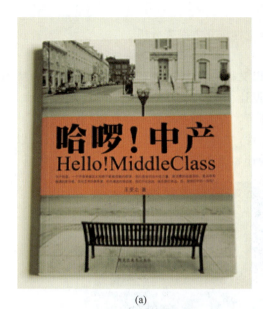

(a)   (b)

(c)

图 2-24　色彩在封面中的运用

封面设计的构成要素之间不是孤立的，它们是相互依存、相互影响、相互衬托的，封面设计是一个多种要素联系在一起的系统工程。封面设计只有与书籍装帧的整体相协调，才能如交响乐一样奏出感人的乐章。

二、书脊设计

书籍是随着人类文明的发展而产生的，它的出现又促进了人类文明的进步。书籍的发展经历了漫长的历史，才逐步地演化为目前的形式。书籍中最重要的环节便是封面设计，而书脊是连接封面和封底的一个重要环节，对于整本书的构造，它是一个重要的构成元素，同时书的直立排列使观看书脊成为读者最直观而且最便捷的一种挑选书目的方法。

由于一些历史的原因和一些认识的局限性，人们常常过多地关心书籍的封面设计，而忽略了作为书籍的第二张脸的书脊设计。到了近现代，书脊设计才慢慢被设计界所关注并得到了一定的发展。

书脊设计应分别从功能性、艺术性和视觉性等几方面来分析。

(一)功能性

书脊处于前后封之间,遮护着订口,所以又称书脊为脊封。由于书脊面积较为狭小,一般的设计者只重视封面的设计而忽略了书脊设计。

事实上,书脊设计是装帧设计的重要环节。有人形象地把书脊称作"书籍之眼",也有人把书脊比作书的"第二张脸",可见书脊的重要性,书脊设计成败往往牵动着全局。所以,书脊在书籍设计中的重要性是不容置疑的,书脊设计如图 2-25 所示。

图 2-25 书脊设计

从"书脊"这个名词本身的意义来看,它是书的脊背,但这并非是它的全部意义。书脊的另一项重要任务是可以帮助销售,它是读者的第一介绍人,书脊本身的设计可以向读者介绍书籍的名称、作者以及其他内容。书脊的内容、风格、艺术形式和精神实质与书籍本身是统一的、相通的。

书脊是在书店书架上、图书馆或自家书柜之中给读者的最直观而且最便捷的一种挑选书目的方法。书脊引导读者去买书,在商业竞争中起到一定的促销作用。仅从书脊的功能性谈还是远远不够的,我们还要从书脊的艺术性和视觉性来考虑。

(二)艺术性

书脊虽然范围小,但它承载着很多重要内容的设计。如何在小范围内做"大文章"是每一个设计师必须考虑的。由于书脊的形状狭长,在设计上具有一定的局限性,所以书脊在设计中就更应该精益求精,容不得半点马虎。书脊设计不是单一的设计,而是要与封面、封底乃至护封结合在一起设计,应做到在元素上、色彩上、构思上的延续与呼应。

另外,丛书、套书书脊设计给了我们一个更大的发展和设计的空间。我们应该强调整体风格,从整体出发、整体布局,使之成为一个延续性的设计,设置可以组合成一幅较为完整的画面。当把丛书、套书的书脊拆分开来,每一本书的书脊无论在色彩方面还是版式方面又都独立成为一体,这样才不失为好的书脊设计,书脊设计的艺术性(连续性书脊)如图 2-26 所示,书脊设计的艺术性(重复性书脊)如图 2-27 所示。

图 2-26 书脊设计的艺术性（连续性书脊）　　图 2-27 书脊设计的艺术性（重复性书脊）

（三）视觉性

书脊归根结底还是要通过视觉传达才能满足所有的要求，视觉传达是书脊设计的重点。如何使书脊从众多的书中脱颖而出，其实并非易事。必须得把握市场，推陈出新，营造全新的视觉效果。但是，无论怎样千变万化，始终脱离不了这几个方面：文字的编排，色彩、图形的运用。

1．文字的编排

书籍的封面设计和书脊设计在平面设计中各有其独特地位。其中区别于其他平面设计种类的最明显的特征就是其封面与书脊上不能省略和弱化书名，这也就意味着不能省略和弱化文字符号。而书名文字是最能代表一本书的中心思想，同时也是最能代表民族文化个性的。

通过文字的定义和特性来看，文字具有传达和传载人类思想意识活动的作用，这个作用奠定了文字在书籍封面设计和书脊设计中不可省略与弱化的地位。文字符号的视觉传达效果是可以与文字符号本身的思想传达效果完美结合的。

在书脊设计中对文字本身进行处理加工，能使文字具有视觉传达的作用。例如，对文字形态进行设计，通过笔画的处理、结构的调整、外形的强化以及变形处理抑或对文字的外表进行设计等手段，将文字进行肌理处理、装饰、设计字体的空间效果等。在尊重字体特定的笔画结构规律的前提下，寻找出文字本身的规律来处理，创造出具有新颖设计趣味的字体，使之具有强烈的视觉传达作用。

如果一件作品中的文字排列不当，拥挤杂乱，缺乏视线流动的顺序，不仅会影响字体本身的美感，也不利于观众进行有效的阅读，难以产生良好的视觉传达效果。要取得良好的排列效果，关键在于找出不同字体之间的内在联系，对其不同的对立因素予以和谐的组合，在保持其各自的个性特征的同时，又取得整体的协调感。

为了造成生动对比的视觉效果，可以从风格、大小、方向、明度等方面选择对比的因素。文字、图形、图案、标识的不同排列和配置在视觉上会产生不同的感知，是具有最大诉求效果的构成语言和技巧。

强调书脊设计中文字符号的重要作用并不是排斥其余的设计要素，只有使这些众多的要素做到和谐共存，共同居于一个统一的形态之中，才能使书脊设计具有更强的表现力和生命力，书脊设计中文字编排设计如图 2-28 所示。

2. 色彩的运用

书脊的色彩要鲜明、绚丽、视觉冲击力强，但不宜用过多的颜色。色彩在整个书籍装帧设计中起着至关重要的作用。色彩运用得好，会为整本书、书脊增色不少，但如果色彩运用不到位，即使版式设计的再好，整个书脊设计也会大打折扣。

我们要清楚一点，色彩不是孤立存在的，色彩运用得再好，它也一定是为整本书服务的。色彩一定要与书籍、书脊完美结合，适时地传达书的内容，表现书的内涵。否则，再美的色彩也终将是"无本之木、无源之水"，书脊设计中色彩的运用如图 2-29 所示。

图 2-28　书脊设计中文字
　　　　编排设计

(a)

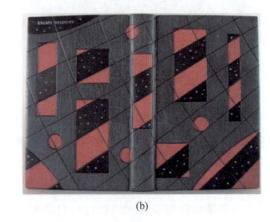
(b)

图 2-29　书脊设计中色彩的运用

3. 图形的运用

书脊版面的形态瘦长，在书脊设计中除文字信息外，还可以适当地运用一些图形进行设计，在运用时要注意以下几点。

一是图形的选用是否具有与封面、封底的延续性：选用的图与封面、封底只有具有延续性才能使书籍的整体设计具有统一性。

二是图形与文字是否能有机结合起来：图形在书脊那么狭长的空间中表现力是相当强的，但如果只是一味地表现图形而忽略文字或一味地表现文字而忽略图形都是不可取的。而应将文字和图形有机结合起来，通过图形抓住读者，然后再使读者通过图形进一步了解文字，这样才能给读者以新鲜感。

三是丛书、套书的图形创意及应用：使丛书、套书的图形排列在一起时，可以产生整体感、延续感。

四是最重要的：要使设计的形象思维与内容的逻辑思维高度结合。

这样，设计师的发挥空间增强，但同时也增加了设计难度。必须把握重点，强调整体，使之成为全书的延续性的设计，书脊设计中图形的运用如图 2-30 所示。

书脊的设计千变万化，只有将文字、色彩、图形 3 个方面有机结合起来，满足了功能性、艺术性和视觉性之后，才能使图书在市场上具有竞争力，才会从众多的书籍中脱颖而出。

(a)

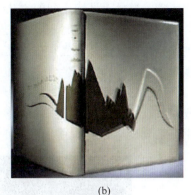
(b)

(c)

图 2-30　书脊设计中图形的运用

三、封底设计

封底是书籍整体美的延续。书籍在人的视觉中并不是一个平面,而是一个六面的、立体的、多层次的整体。书籍装帧的美感,绝不仅仅来自封面,而是来自书籍装帧各个部分组成的整体美。然而,在过去相当长的时期,封底设计并没有引起设计者的足够重视,封底往往被认为无关紧要而被忽略。在书籍装帧的整体设计中,封底设计不是可有可无的,而是非常重要的一环。忽略了封底,书籍装帧整体的美感就有了残缺,为读者留下遗憾。

我们要保持书籍装帧的完整性和统一性,就要尊重书籍设计的每一个环节,把书籍看成是立体的、多面的、三维空间的设计艺术。封底设计是创意的延伸,充分利用书脊和封底还可以降低成本。封面设计的创意追求可在封底设计中得到更好的发挥。

如何进行封底设计呢?要注意以下几个方面。

1) 封底设计的作用

书籍的封底不像封面那样先声夺人、那样张扬、那样尽情地表现自己,它像配角和绿叶一样,不声不响地烘托着封面。因为有了和谐的封底,封面才能放射出更耀眼的光芒。

在设计封底时,有几点是值得注意的:与封面设计的统一性;与封面设计的连贯性;与封面设计的呼应；与封面设计之间的主从关系；充分发挥封底的作用。有些是把书籍中比较能体现中心内容的图片应用于封底，一般会居于中心偏上；也会有一些书籍将此书的出版目的和意义的文字内容设计在封底，字体的应用不会很大，会有目光凝聚的阅读效果；还有设计的是责任编辑、书籍设计者的名字信息。但是在封底必须具备的要素是条码和定价，而且必须清晰醒目，便于购买、售卖和查阅。

表现封底设计与书籍装帧设计的整体关系（颜色和图形的延续）如图 2-31 所示，表现封底设计与书籍装帧设计的整体关系（字体的延续）如图 2-32 所示。

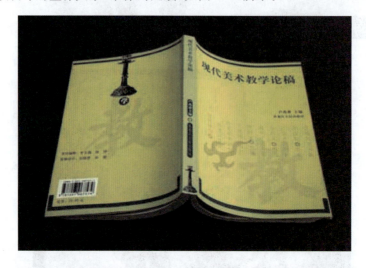

图 2-31　表现封底设计与书籍装帧设计的整体关系（颜色和图形的延续）

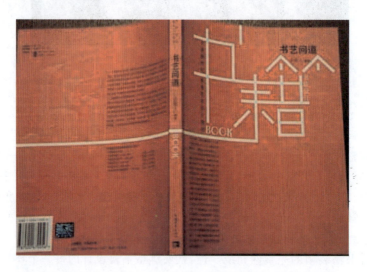

图 2-32　表现封底设计与书籍装帧设计的整体关系（字体的延续）

2）何谓优秀的封底设计

优秀的封底设计可方便读者的购买。封底重复使用封面上的色彩和形象等，连续地传播视觉信息，可使读者产生深刻的印象。

优秀的封底设计可以进一步宣传图书及出版社。利用封底的空间，将书或出版社的宗旨及该书的简介及时、准确地传达给读者，可以弥补其他宣传品的不足。

优秀的封底设计可以延伸美感。塑造完整的书籍形态,求得最大限度的完美,是设计师永恒的追求,也是销售的需要。但是完美有阶段性,要通过控制来实现。完美的含义在于各个设计环节恰如其分,既符合书的内涵,又符合设计师内心的分析与感觉。设计师要经过反复比较、权衡,得到较完美的形式分配,完成对平面空间的占领。

因此,封底设计并非是可以掉以轻心的,而是要和封面联系起来,形成一个有效的展示空间。当然在结构上,封底中形、色、字的分量要适当,必须是谨慎思考后的结果。图 2-33 和图 2-34 为书籍的封面设计与封底设计。封底无论从色彩方面还是材质方面都是对封面的一种延伸,给人以古朴和简洁的美感。

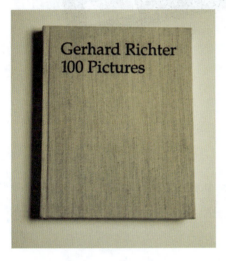
图 2-33　书籍封面设计

图 2-34　书籍封底设计

小贴士

1. 条码

商品条码结构包括标准版商品条码(EAN-13 条码)和缩短版商品条码(EAN-8 条码)。详细参见《商品条码　零售商品编码与条码表示》(GB 12904—2008)国家标准规定的方法。(注:当标准版商品条码所占面积超过商品包装面积或者占标签可印刷面积的 1/4 时,可使用缩短版商品条码。)

2. 封底的广告性

现代书籍的封底设计也常被设计上本书的独特观点,以及作者的相关出版书籍信息,供读者选择。

3)封底的新使命

当今,书籍装帧设计赋予封底从未有过的丰富内容,提出了封底的许多新使命。封底设计再也不是简单的一两种颜色,印上定价就算完成任务了。封底是可以"细读"的,它的内容包括:书籍的内容简介;著作者的简介;封面图案内容的补充、图案要素的重复;责任编辑、装帧设计者的署名;条码、定价。这些内容除了条码、定价必须有之外,其他内容都可以根据需要而定,根据 CD 内容设计的封底如图 2-35 所示。

无论封面还是封底,任何环节都不能松懈。封面、封底和书脊负载各自特殊的信息及形式美感,只有达到统一、和谐的效果,书籍形态才能够完美,书籍设计的意义也在于此。

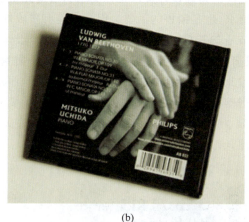

(a)   (b)

图 2-35   CD 封底设计

 小贴士

1. 封面与护封

以往的书籍设计通常都是精装书有护封，简精装和平装书只设计封面。而现代书籍设计在平装书设计中也会有护封，只是封面不是采用的硬纸板，也不会像精装书籍的护封采用特种质材包贴封面。

2. 封面的材料

精装书籍的封面材料会很新颖，有纸质、金属、皮革、布匹或人造革，然后根据所选择材料的特质进行压印、烫金或印刷，并且可以选择用有芳香的油墨、各种自然色彩的荧光油墨或者环保而安全的食用油墨。

第四节　环衬页设计

环衬页就犹如中国传统建筑中那个进入房间时首先映入眼帘的玄关，可以不见面地先打个招呼，将人们带入一个你希望看见，但是又不能马上一览无余的陌生又新鲜的时空。

在此，虽不见内文，却已经可见作者希望与人们交流的心，也抓住了人类想探知的心绪。因此环衬页的设计，在现代书籍设计中越来越讲究材料的选用，色彩协调又不失生动，可见意识到了它存在的重要性。它是核心内容完成的一部分，如图 2-36 和图 2-37 所示。

环衬页设计，在现代设计中多采用彩色特种纸，利用的是纸张的肌理形成的独特视觉和触觉感知，如图 2-38 所示。这正是调动现代人感官的过程，所以无论是日本设计师杉浦康平，还是中国设计师吕敬人都一直在贯彻一个文化思想——实现书籍视、听、触、嗅、味的"五感"之美，从而使书籍内容与书籍艺术形态达到完美统一。

 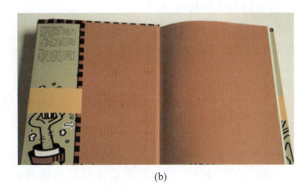

(a)　　　　　　　　　　　　　　(b)

图 3-36　书籍封面与环衬页设计（1）

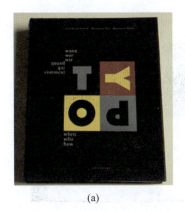 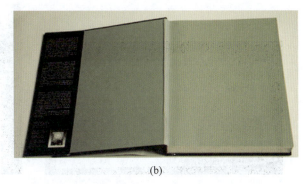

(a)　　　　　　　　　　　　　　(b)

图 2-37　书籍封面与环衬页设计（2）

 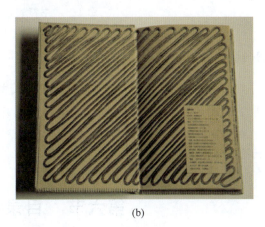

(a)　　　　　　　　　　　　　　(b)

图 2-38　特种纸书籍封面与环衬页设计

小贴士

1. 环衬页的质材

环衬页在位置上的重要性决定了它的不可忽视性，注定了这种媒介物所带来的信息化传递，于是其质材必须在充分领会书籍内容的基础上，与整体的设计基调完美统一。可以选取突出又不夸张跳跃的纯色纸张。在预算允许的前提下，还可以选用特种材料纸，增加视觉的感染力,进而强化书籍主题。

2. 前环衬和后环衬

处于封面和扉页之间的被称作前环衬;处于封底和正文内容页之间的称为后环衬。现代的书籍设计中无论在精装书、简精装还是平装书中均会设计前环衬和后环衬。

第五节 扉页设计

扉页又称为内封面或副封面,位于环衬之后、正文之前的页面。设计有书籍名、作者名(还可有译者名)以及出版社名等,有的直接就是书籍封面内容的复制。所以扉页以文字内容为主,可以适度设计图形或应用图片,色彩以淡雅而强调文字为主。扉页设计同样会增加书籍的美观,书籍的扉页设计如图2-39所示。

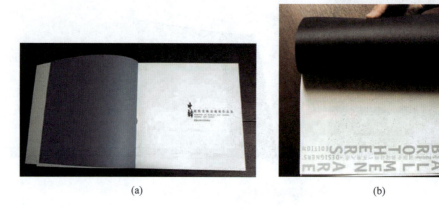

(a)   (b)

图2-39 书籍的扉页设计

扉页的版式要求

这部分虽然被设计为封面的内容,但是却缺乏封面的色彩与丰富性,所以在设计中往往不够精心。为了传递出这部分的独有作用,可以充分利用裁切与油墨来增加特别的效果,来加强它本身的含蓄而迷人的气息。

第六节 目录页设计

目录又称为目次,是便于查找书籍内容又可以对内文有清晰脉络的部分。目录按照部、编、章、节的顺序(或按照类别)排列,注有明确的页码,相当于书籍的总纲。设计一定要简洁易懂,形式感强。因此设计中会以或粗或细的直线条,类似强调重点一样对页目和关键章节加以设计。在现代的书籍设计中目录是受到重视的设计内容之一,强调重要章节的目录页设计如图2-40所示。

目录有放于书前部分和书后部分之分。国内设计的书籍在书前部分的较多,但是目前的发展出现了越来越多样化和反常规的目录页设计,如图2-41所示。

图 2-40　强调重要章节的目录页设计

图 2-41　反常规的目录页设计

 小贴士

目录页的版式

目录的编排可以处于页面的中部,设计成一栏或两栏,视内容多少而定;可以居于页面的左侧或都居于右侧;也可以居于页面的水平中心线位置。目前的目录页设计已经不只是文字的编排,会将每章节中具有代表性图像穿插其间,有提示内容的作用。

第七节　内页版式设计

内文是书籍设计的重点,有一种由表及里的、渐入佳境的感觉。首先确立书籍的基调,决定用怎样的信息演绎方式,创造一个合乎逻辑的内容传递视觉线索。通过对内容的全面掌控,设计一个书籍的全局观。

利用文字、图片和色彩的大小、疏密、位置、面积、层次、顺序等视觉因素的合理编排,运用理性的定位,结合书籍内容的结构,创造一个可供人们认知的过程和利于思维发展的合理分布。最终形成一个融合心与神、心与气一脉贯通的完美信息传递方式,书籍的内页版式设计如图 2-42 所示。

(a)

(b)

图 2-42　书籍的内页版式设计

一、中国古代书籍的版式设计形式

目前,由于书籍设计越来越重视对本民族文化的传承与定位,因此不断涌现出具有中国古代书籍装帧特质的优秀设计师与设计作品,反映出他们对中国文化的良好素养与历史责任感,极大地促进了中国文化的世界影响力,如图 2-43 所示。

(a)

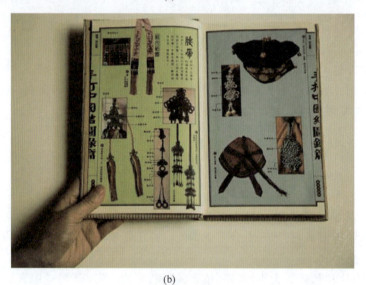

(b)

图 2-43　中国古代书籍的版式设计形式

(一) 从商代的简策形式承袭而来

中国古代书籍的排版方式是从起源于商代的简策形式承袭而来的,一直沿用至今。

当时由于"简"是一尺见方的竹签,在上面只能以从上到下的形式来书写,所以就形成了今天我们在以纸基为材料的书籍中所常见的从右至左的阅读方式,竹简及其展开图如图 2-44 和图 2-45 所示。

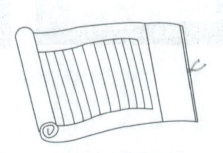

图 2-44　竹简　　　　　　　　　　　图 2-45　竹简展开图

小贴士

线 装 书

线装书是目前我们应用较普遍的类型,线装书的发展是有它自身的演变过程的,追溯书籍发展的历史,从出现旋风装,演变到蝴蝶装,在元代出现包背装,明代中期开始使用线装书。由于线装书的装订方式和用的纸材偏柔软,所以只能平放,不像我们现代的书籍可以直立,所以经常需要设计书套或书盒对书籍进行整理和保护。

(二)随着五四新文化运动的兴起而得到发展

中国近代书籍装帧设计是随着五四新文化运动的兴起而得到发展的,对当时装帧艺术发展起到推动作用的是鲁迅先生。在其影响下,丰子恺、陶元庆、司徒乔、张光宇、孙福熙、钱君匋等都是书籍装帧艺术界的典型代表,中国近代书籍装帧设计如图 2-46 所示。

(a)　　　　　　　　　　　　(b)

(c)　　　　　(d)　　　　　(e)

图 2-46　中国近代书籍装帧设计

> 📝 **小贴士**
>
> **1. 鲁迅先生的书籍封面**
>
> 鲁迅先生自己设计的书籍均具有朴实无华的美,而且寓意深刻,形象创造精练概括,反映了较高的艺术素养。比如,鲁迅的作品《呐喊》《彷徨》《坟》等,完美地和书籍内容整合在一起,为文章的意境做了最凝练的阐释。
>
> **2. 线装与平装**
>
> 这一时期书籍的装订形式开始由线装改为平装,改变了单一的形式,文字的编排形式也由竖排改为横排,明显是受到了西方编排设计形式的影响。由于五四时期,受教育的青年人广为接受西方的先进思想,在新文化的影响下,反映这类思想的出版物,也就在形式与设计风格上形成了新的设计语言。不仅接纳新的思想,而且注重对中国传统艺术语言的发挥与应用。

二、现代书籍的版式设计形式

随着社会的发展与进步,设计行业蒸蒸日上,蓬勃发展。现代书籍装帧设计则是以更加多样的设计姿态展现给世人。尤其是现代书籍的版式设计,既不墨守成规,又不是简单的图文排版,而是在不断的探索新的设计方法和理念,现代书籍的版式设计如图2-47所示。

(a)

(b)

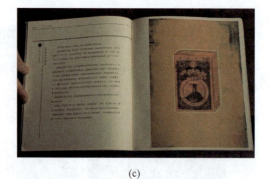

(c)

图2-47 现代书籍的版式设计

(一)现代版式设计

现代版式设计的基本形式必须具备以下要素:版心、上白边(天头)、下白边(地脚)、书眉(包括眉头、眉脚)、订口、内外白边(书口边和订口边)、页码,如图2-48所示。横排书籍的白边常规是外白边大于内白边,以利于读者阅读。

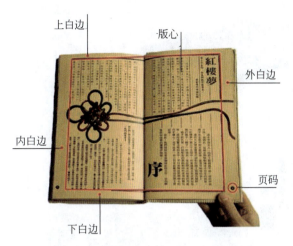

图 2-48　现代版式设计的基本形式必备要素

 小贴士

1. 版心文字的字体和字号

正文所使用的字体用仿宋体和黑体较多见,而黑体较仿宋体会醒目,所以例如在每章标题的文字体应用上可以选择黑体,每节的标题字体可以选择宋体。一般不小于大五号字(即老五号字),而儿童书籍应当文字偏大些,常用小四号字(即新四号字)或大四号字(即老四号字)。小五号字一般用于说明、图标、图表、索引等处。

2. 版心与白边的比例

版心与四周白边的比例要精心考虑。它们之间的比例关系如果适当,会使书籍在翻阅过程中赏心悦目,营造一个身心没有压力的良好空间。

3. 页码的设计

页码的设计应受到重视,它是活跃于页面中的灵动元素,可以创造很多生机。

(二)自由版式

自由版式设计则不受以上形式的限制,更灵活,却对设计者的专业素质和创造力要求更高,如图 2-49 所示。起源于 20 世纪中后期的美国,由于个性很强,要求设计者必须具备很丰富的设计经验和全局观念,特别是对所设计内容的深入领会能力要求高。虚实处理很难掌握,但是却会设计出独具匠心的作品。

 小贴士

1. 自由版式的空间层次

这是很重要的和读者心理交流的前提。产生优良的视觉引导效果,实际是优先于书籍内容被读者感知的部分,所以图、文、色的设计必须按合理的秩序编排。表象很活泼、灵动,实则一个细节处理不当,就会极大地影响全局,而且被强烈感知。

2. 利用图像处理

这是很常见的自由版式的应用案例。图像本身的吸引力和差别化,就会创造出一种既形象又个性独特的视觉重点。

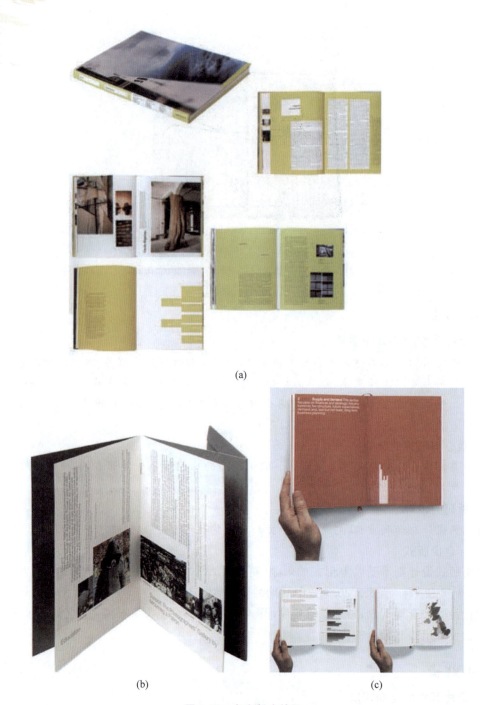

(a)

(b)　　　　　　　　　　　　　(c)

图 2-49　自由版式效果

第八节　版权页设计

版权页设计又称为图书版本记录，它是每一本书如何产生的真实记录。设计位置一般有书籍前部和书籍后部之分。居于书籍前部的，一般设计在扉页的双页码一面，如图 2-50 所示。

设计在书籍后部的多将内容放于内文结束之后的双页码一面,如图 2-51 所示。

图 2-50　书籍的版权页设计(书的前部)

图 2-51　书籍的版权页设计(书的后部)

版权页的设计以文字为主,包括书籍的名称、编著者名、译者名、出版发行的出版社信息、印刷的公司或工厂名、版次、开本、印张、印数、书号、图书在版编目(CIP)数据和定价。这是书籍的法律依据,所以必须易识别,字体要以标准的印刷体呈现,字号不宜很大,清晰即可。

书籍的形象设计共分为 7 个部分的综合设计,包括:封套和护封设计;封面、书脊、封底设计;环衬页设计;扉页设计;目录页设计;内页版式设计和版权页设计。

每一部分都有其特定的内容,又都为整本书籍的内容做层次分明的导读。不仅要在设计中体现其不同,还要同时创造出趣味性、信任性和条理性。

所以在了解其文化历史的同时,更要关注现代书籍的重要变化,因为此方面反映了当下人的心理变迁与文化导向,以便设计出适合现代人阅读的书籍。

思考题

1. 中国书装发展经历了几种形式变化?
2. 在书籍材料的运用中应考虑哪些因素?
3. 版式设计的字体与字号运用应如何处理?

实训课堂

以一本成品书籍作为范本，进行改良设计。

1. 实训目的

为单一的书的概念创造一个立体流动的观念，感受到书籍的魅力。并能体会 7 个组成部分之间空间关系，进而掌握书籍的各部分实质性内容。另外，加强对各种材料的运用经验认识。

2. 实训要求

书籍的开本大小不限，多尝试书籍可以展示的各种可能性，包括书籍外造型的多角度创造，最终必须遵循阅读的可行性与可操作性。

3. 实训方式

首先，选择书籍题材；

其次，用草图形式表现出来；

再次，进入修改阶段；

最后，用手工与计算机制作相结合，完成实物的制作呈现。

第三章 书籍版式设计

学习要点及目标

1. 了解书籍装帧版式设计的概念;
2. 了解书籍装帧版式设计的形式美规律;
3. 掌握书籍版式设计的方法。

核心概念

书籍版式设计概述、书籍版式设计的形式美规律、书籍版式设计的方法、书籍版式个性情感化设计

 引导案例

《中国科学院图书馆珍藏文献图录》版式设计

图 3-1 所示的《中国科学院图书馆珍藏文献图录》版式设计清新、别致、典雅、大方。版面结构中的线条源于图书馆视觉形象识别系统中的线形辅助图形,线形辅助图形取自馆标的结构。根据整体设计的需要,设计者将线形辅助图形用于版式设计上,形成一种特异网格结构。

根据版面的需要,网格时隐时现,把版面中零散的图形编织在一起,显得十分严谨。不同内容的版面运用相应的结构线,使得众多不同时代开本各异,艺术风格不同的善本之间找到沟通的线索。节奏起伏变化丰富,配合图号的图形标识,在一片简洁沉稳的学术氛围中,轻快活泼,富有音乐感。

图录是"洋"善本和"中"善本资料的合成,因此设计者把双页码处理成中文汉字,把单页码处理成阿拉伯数字,别开生面,活泼可爱。图录中的每幅图片,设计者都认真进行加工,把古旧善本书的质感表现得十分真实可信,色调控制恰当,丰富而典雅,印制得也极其精美。

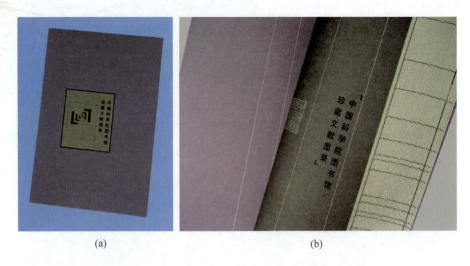

图 3-1 《中国科学院图书馆珍藏文献图录》版式设计

第一节　书籍版式设计概述

　　版式设计是现代设计艺术的重要组成部分，是视觉传达的重要手段，其宗旨是在版面上将文字、插图、图形等视觉元素进行有机的排列组合，通过整体形成的视觉感染力与冲击力、次序感与节奏感，将理性思维个性化地表现出来，使其成为具有最大诉求效果的构成技术，最终以优秀的布局来实现卓越的设计。这就要求设计师必须分析设计对象在内容上的主次、轻重关系，并调动自己的全部智慧、情感和想象力，将各种文字、图形按照视觉美感和内容上的逻辑统一起来，形成一个具有视觉魅力的整体。

　　书籍版式设计是一种造型艺术，是指在一种既定的开本上，对书稿的结构层次、文字、图表等方面进行艺术而又科学的处理，使书籍内部的各个组成部分的结构形式既能与书籍的开本、装订、封面等外部形式协调，又能给读者提供阅读上的方便和视觉享受。所以说版式设计是书籍设计的核心部分。

第二节　书籍版式设计的形式美规律

　　形式美法则是人类在数千年来的艺术创造的基础上总结归纳出来的规律，因此它普遍适用于各种类型的设计中，书籍装帧的版式设计也不例外。无论是整体的书籍装帧设计还是封面、版式的编排构成，成功的设计作品都不可能违背形式美的规律和法则。以下就几个重要的形式美法则做简要概述。

一、多样与统一

　　多样与统一又称和谐，是一切艺术形式美的基本规律，也是书籍版式设计的总规律。多样与统一是对立统一规律在艺术上的运用。对立统一规律揭示了一切事物都是对立的统一体，都包含着矛盾，矛盾双方又对立又统一，充满着斗争，从而推动事物的发展。多样与统一是矛盾的统一体，用在版式设计中，指画面既要多样有变化，又要统一有规律，不能杂乱。只多样不统一就会杂乱无章，只统一不多样，就会单调、死板、无生气。

　　简而言之，就是要繁而不乱，统而不死。多样与统一法则可以适用于形状、色彩、面积和比例等各个方面，图3-2所示的艺术系列书籍版式在整体布局统一的形式下，以丰富的色彩来吸引读者的视线；图3-3所示的设计系列书籍版式整体肌理色调统一，利用字体排列和小面积纯色对比，使画面效果深沉中彰显活力。

图3-2　艺术系列书籍版式设计

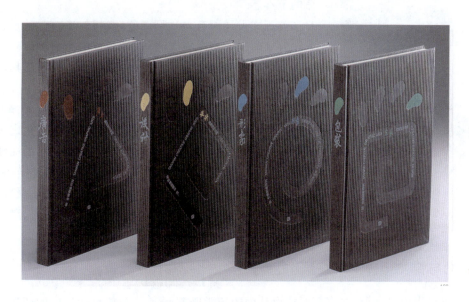

图3-3　设计系列书籍版式设计

二、对称与均衡

对称是指整体的各部分依实际的或假想的对称轴或对称点两侧形成等形、等量的对应关系,它具有稳定与统一的美感。对称给人以规范整齐的心理感受,同时也给人以庄重和严谨的视觉印象。在书籍装帧中可以运用对称的这些特征营造出需要的视觉效果。

均衡是从运动规律中升华出来的美的形式法则,轴线或支点两侧形成不等形而等量的重力上的稳定,平衡就是均衡。均衡的法则使作品形式于稳定中更富于变化,因而显得活泼生动。

经典型的哲学类以及学术性较强的字典、词典类工具书的封面设计运用对称的手法就比较容易获得理想的效果,能够较好地体现书的性质。但是,对称形式也会使书给人呆板和缺乏活力的感觉,因此,对称与平衡是互为调剂的,或以对称为主,局部处于平衡;或以平衡为主,但须加强对称的因素。图 3-4 所示《香港葫芦》书籍版式设计,文字居于版面四角布局稳定,对称均衡,版面中心图形约束四角的扩张之势,一锤定音。

图 3-4 《香港葫芦》书籍版式设计

三、反复、节奏、韵律

韵律、节奏是表达动态感觉的造型方法之一。韵律的本质是反复,在同一要素反复出现时,正如人的心搏一样,会形成运动的感觉。因而在一些零乱散漫的东西上加上韵律感时,会产生一种秩序感,并由此种秩序的感觉与动势之中孕育出生命的节奏感。

就版式设计而言,相同形(色)或相似形(色)的反复亦是一种较好的制造韵律的方法,这样构成的版面可以获得一种秩序自然成动态的韵律。版面上形、色、线条以及其他符号的反复,两者同出一源,就是节奏。

书籍整体设计韵律感的表达主要反映在层次、疏密、多少、大小、深浅等一系列的视觉形式的统一与变化之中。从书籍的整体来看,从封面到封底就应有一条无形的曲线贯穿其中,使读者在无意中跟随着设计者的合理安排畅游其间,在从书籍内容中获得信息的同时也是一种审美享受的过程。《帝都物语》书籍版式设计,字体以重复方式排列,富有节奏感,历史的演进感体现得准确到位,如图 3-5 所示。

图 3-5 《帝都物语》书籍版式设计

四、统觉与错觉

统觉也可以说是统调,在书籍版式设计中的统觉既包括每一个单页设计中的图形、字体、色彩等要素的紧密配合,也包括书籍整体的设计风格的统一、前后关系的紧扣。

所谓错觉,实际上是人类在生理和心理上的一种现象。一方面,人类眼睛的生长特征决定了它对外界物象反映的局限性,如远近、大小、高低、明暗、斜直等关系,都有可能因为某些因素的干扰而使人产生错觉。另一方面,人的生活经验会造成种种不由自主的心理反应。有些心理反应具有一种惯性和定式效应,从而形成错觉。

在设计艺术中,懂得了产生错觉的原因,有两个用处:一是可以有意识地避免和矫正这种错觉;二是可以有效地利用这些错觉达到预期的设计效果,如图3-6所示,书籍版式设计中内页图形的错觉处理、加上强烈的色彩对比,使版面具有视觉冲击力。

图3-6　书籍版式设计

五、对比与调和

对比与调和的关系是统一与变化法则的一个方面。对比的因素很多,图形之间、图形与文字之间、文字与文字之间的大小、方圆、曲直、虚实及色彩的深浅、浓淡等都可以形成强弱不同的对比关系。从封面、环衬、扉页到书芯、封底,它们的形、色的处理均包含着对比的关系。

如果仅有对比而缺乏调和因素,就会使一件设计作品变得杂乱无章,因此调和的因素不可忽略,两者是对立的统一体。在版式设计中除了色彩的对比与调和之外,其他诸如字体大小之间、页与页之间、图与字之间、图与图之间均包含对比与调和的关系。图3-7所示的国外书籍版式设计,文字与文字之间、图形与图形之间、文字与图形之间大小对比有变化,版面活泼有生气。

图3-8所示的《剪纸艺术》书籍版式设计色彩对比强烈、图形与文字搭配得当,曲线条的图形与直线条的文字对比使版面出众、抓人眼球。

图 3-7 国外书籍版式设计

图 3-8 《剪纸艺术》书籍版式设计

六、比例与分割

比例是指形的整体与部分之间、部分与部分之间的一种比例关系。版面上的各视觉要素，以及它们与背景之间形成的比例关系，是形成设计明确的性格特征的手段之一。比例常常有等差、等比、黄金比等。在版面上为了追求特定的比例关系，往往采用分割的手法，以达到秩序、明确、有层次性等效果。图 3-9 所示的《中国新闻图史》书籍版式设计按照一定的比例进行分割，既与主题相应，又活泼了版式，同时不失秩序。图 3-10 所示的《龙门石窟》书籍版式设计上下一分为二，上繁下简，对比分明，引人注意。

图 3-9 《中国新闻图史》书籍版式设计

图 3-10 《龙门石窟》书籍版式设计

七、虚实与留白

虚实与留白指的是空间与形体的相互依存、正形与负形的相互融合。中国传统美学上也有"计白守黑"这一说法。通过疏密、留白等手法进行视觉元素的版式设计，可以达到以虚衬实、虚实相生的趣味性关系。

留白是版式中未放置任何图文的空间，它是"虚"的特殊表现手法，其形式、大小、比例决定着版面的质量。留白的感觉是一种轻松，最大的作用是引人注意。在版式设计中，巧妙地留白，讲究空白之美，是为了更好地衬托主题，集中视线和造成版面的空间层次。图 3-11 所示的书籍版式设计，在封面上采用大面积留白；图 3-12 所示的书籍版式设计，在内页上也通过留白的合理利用，突出了重点。

图 3-11　书籍封面版式设计中的留白

图 3-12　书籍内页版式设计中的留白

第三节　书籍版式设计的方法

作为信息传达的载体，人们对书籍版式设计的要求越来越高。书籍版式设计要在带给人美的阅读享受的同时，还能更好地传达信息。书籍版式设计可以从书籍版式定位设计、书籍版式易读性设计、书籍版式个性情感化设计等几个方面展开。

一、书籍版式定位设计

定位设计是指明确目标的设计，是为了针对特定消费者而进行的设计。书籍版式可以从开本形式、内容形式以及读者对象进行定位。

（一）开本形式定位

开本是书籍开数幅面的简称，指书刊幅面的规格大小，即一张全开的印刷用纸裁切成多少页。常见的有 16 开、32 开、64 开等。

小贴士

不同类别书籍常用的开本形式定位

经典著作、理论书籍、学术专著类,一般选用32开或者大32开,使人感觉比较庄重,适合案头翻阅。科技类图书、大专院校教材,其容量大、文字图表较多,可选用16开本。中小学教材、通俗读物,以32开为宜,便于书包携带或存放。儿童读物,则采用较小的开本,如24开、64开等,小巧玲珑,符合儿童手小易翻的特点。画册、图片,多采用大型开本,有6开、8开、12开、大16开等。

图3-13是由东方国际书局编纂、山东大学出版社出版的《三上文库》,采用64开本,每本书只有常见的32开的1/3大,成了开本家族里的小精品。这一设计与文库的名字大有关系。"三上"一词见于宋代欧阳修的《归田录》,意为"马上、枕上、厕上",以此说明古人抓紧时间读书,手不释卷。文库取名"三上",推出包括哲学、散文、诗词3部分的"中国古典精粹",同时,其开本设计得这样小,一来方便读者随身携带、随时阅读;二来可以降低成本,拉近与读者之间的距离。

图3-13 《三上文库》书籍版式设计

(二)内容形式定位

书籍内容一般可以分为社会科学、科学技术、文学艺术、古籍和工具书等。按照用途还可以分为学术性专著、教科书、普及读物和少儿读物等。由于书籍内容限制,其版面构成形式也不尽相同。

社科类书籍在版式设计风格上,一般多采用庄重大方、严谨简洁的形式,注重抽象的概括与提炼。图3-14所示的音乐类书籍版式设计,通过大面积图片与小文字的穿插,达到一种均衡、齐整的韵律美。图3-15所示的《中国民间文化杰出传承人名录》书籍版式设计,细线、粗黑字、大面积的留白存在较强的反差对比,又有呼应关联,简洁中蕴含着民间文化的底蕴。

科技类书籍在版式设计风格上,突出"科学感、现代感、未来感",制造视觉上的快节奏、幻觉效果和新奇的形式。图3-16的书籍版式设计中运用点、线、面的构成,体现了书籍的科学性、严谨性和实用性,巧妙精深。

文学类书籍大都忠实原著,在版式设计风格上,经由设计师进行高度洗练的艺术概括,体现出书籍的文化内涵和审美情趣。图3-17的《和韵》书籍版式设计中字体、色彩等各个元素的演绎与释放,蕴含着设计师一种宁静儒雅的心态,为版面的构成和完善注入了新鲜的血液。

图3-14 音乐类书籍版式设计

图 3-15 《中国民间文化杰出传承人名录》书籍版式设计

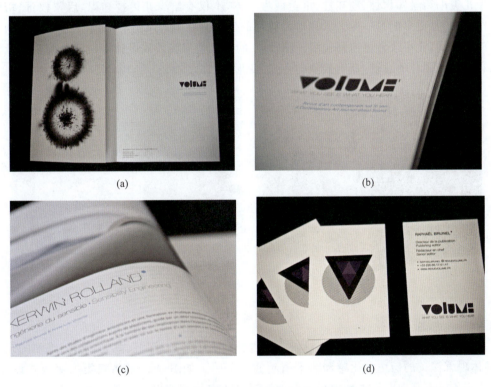

图 3-16 书籍版式设计中的点、线、面构成

艺术类书籍在版式风格上则强调形式多姿多彩、独具匠心。版式编排手法上既有写实的，也有写意的。图3-18的书籍是日本字体协会的年鉴，版式设计中读者可以体会到一种"干净的婉约"，这种"干净"和"婉约"既是设计师本身学养的高境界要求，也是对设计语言做出最简洁的诠释。

图3-17 《和韵》书籍版式设计

图3-18 日本字体协会年鉴版式设计

少儿类书籍融知识性、趣味性、审美性为一体,不仅有给少儿传授知识、启蒙教育、培育智慧的作用,而且更多的是一种艺术和审美教育的手段。在版式风格上,追求天真、活泼,通过图文并茂的形式,让小读者更容易接受。图3-19的少儿类书籍版式设计上很好地营造了低幼读物色彩、文字、图片的意趣,具有强烈的夸张、变形、装饰之妙。

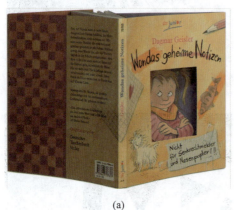
(a)

(b)

图3-19 少儿类书籍版式设计

古籍类书籍在版式设计风格上寻求一种古朴的书籍形态,深沉、博大、宏伟、绚丽的东方神韵,并体现着深远的历史文化感和艺术精品的珍贵感。如图3-20的古籍类书籍版式设计中,深蓝的底色以及竖向的标志性编排所包含的深厚的文化积淀以及自然亲和力令人产生共鸣。这种以少胜多、以一当十的版面形式,带给人们无限的遐思。

(三)读者对象定位

书籍的读者是谁,阅读习惯、欣赏水准、购买能力以及购买动机等都属于读者对象定位。这种近乎量体裁衣式的准确定位,也是书籍版式设计十分重要的环节。

图 3-20　古籍类书籍版式设计

设计者应该根据不同的读者类型进行定位,如男女老少、文化层次、心理素养等,以满足消费者的某种欲望和自我形象的体现。如何去满足各个层次读者的喜好和兴趣,使书籍版面艺术语言传递出内在的信息,这是值得设计师去苦心经营的。图 3-21 的《宋书全集》书籍版式设计中,对于宋画爱好者来说,版面的直接展示更能体现出宋代名画的神韵。

图 3-21　《宋书全集》书籍版式设计

二、书籍版式易读性设计

书籍版式设计的视觉流程是一种"空间的运动",视线随着各视觉元素在空间中通过设计的合理安排。设计师利用视觉规律,安排观者的视线进行有序的观看,使观者获得一个清晰、迅速、流畅的信息接收过程,这让书籍版面的"易读性"得到最大的体现。

(一)版心设计

书籍的版心大小是由书籍的开本决定的。每幅版式中文字和图形所占的部分被称为版心。版心减小,版面中的文字数也会随之减少,版心过大,会影响整个版面的美观。版心的宽度与高度的具体尺寸,要根据正文中文字的具体字号与文字的行数与列数来决定。书刊的行距主要是指行中心线之间的距离,行与行之间的空白称为行间。

小贴士

书籍版面各部分名称

图 3-22 展示了书籍版面各部分名称,书籍版心之外上面空间叫作上白边(天头),下面叫下白边(地脚),左右称为外白边、内白边。中国传统的版式天头大于地脚,是为了让人做"眉批"之用。西式版式是从视觉角度考虑,上白边相当于两个下白边,外白边相当于两个内白边,左右两面的版心相异,但展开的版心都向心集中,相互关联,有整体紧凑感。

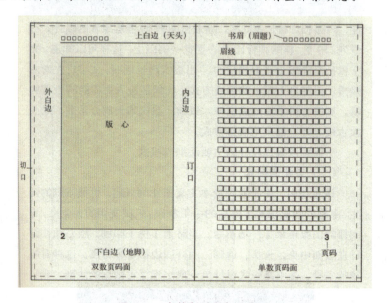

图 3-22　书籍版面各部分名称

一般的教学类书刊和信息量大的书籍,通常采用较大的开本编排版面,在版心设置上也采用大开本形式,版面饱满、信息丰富。图 3-23 所示的这类书籍的文字信息较多,加大版心可以降低书籍的页数,从而达到降低成本的目的。

图 3-23　信息量大的书籍版式设计

图 3-24 是日本品牌"无印良品"的专辑,内容包含了多年以来的品牌形象设计作品、产品设计等。无印良品倡导自然、简约、质朴的生活方式,最大特点之一是极简。在版式设计中也贯通了这个理念,把版心缩小,白边尽量扩大,呈现出简约精致的设计感。

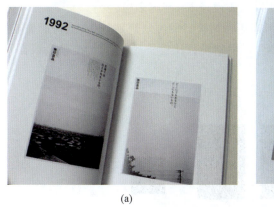 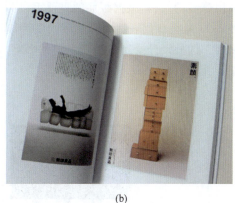

(a)   (b)

图 3-24 "无印良品"的专辑版式设计

另外还有一种无边版面又称自由版面形式,它没有固定的版心,文字与图片的安排,完全不受白边与版心的制约,自由处理。这就是所谓的满版,即版面四周没有空白边;或仅出现上白边,下白边,无内外白边;有时也可无上下白边,只留有内外白边等。其构成方式确实比有边版面灵活得多,适合画册、摄影或以图片为主的书籍。图 3-25 的书籍以灵活自由的版式设计给读者展现了 50 年前的龙潭风貌,具有浓郁的民俗风情。

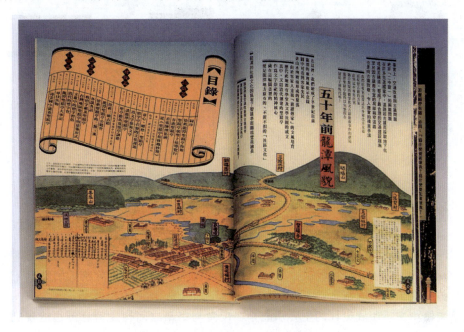

图 3-25 书籍中的自由版面形式设计

(二)网格设计

网格主要包括栏状网格与单元格网格。在书籍版式设计中,网格的设定可以稳固版面,使版面具有连贯性。以网格的形式编排书籍内页,可以使页与页之间产生连贯的效果,方便读者阅读。

通栏网格与分栏网格的运用：通栏就是以整个版心的宽度为每一行的长度，在书籍版式设计中运用较为广泛。还有些书籍，如期刊杂志，由于版心较大，为了缩短字行，在编排版面的时候采用分栏的结构，根据版面的需要可以分为2栏、3栏，甚至多栏。

图3-26是很有代表性的书籍版式设计，运用网格设计的方法规划版面，结构严谨，但并不觉得呆板。国外设计受到包豪斯思想的影响，对网格设计比较重视，在设计之前会根据开本进行仔细计算。

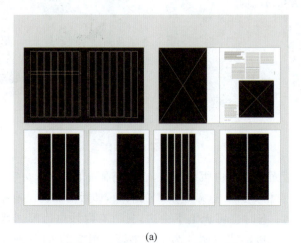

(a)

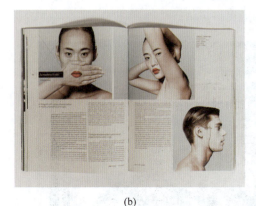

(b)

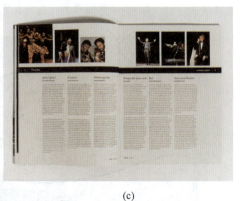

(c)

图3-26　书籍版面中的网格设计

（三）字体选择

文字既是语言信息的载体，又是具有视觉识别特征的符号系统；不仅表达概念，同时也通过诉之于视觉的方式传递情感。文字版式设计是现代书籍装帧不可分割的一部分，对书籍版式的视觉传达效果有着直接影响。

书籍装帧中文字版式设计的主要功能是在读者与书籍之间构建信息传达的视觉桥梁，然而，在当今书籍装帧的某些设计作品中，文字的版式设计没有得到应有的重视。作品中忽视文字元素的设计，字形本身不具美感，同时文字编排紊乱、缺乏正确的视觉顺序，使书籍难以产生良好的视觉传达效果，也不利于读者对书籍进行有效的阅读。

书籍字体不同于其他广告性字体，以端庄为主。这是由阅读的需要决定的，阅读要求识别轻松，所以一般选择宋体等便于阅读的字体。宋体字形方正、横平竖直、横细竖粗、棱角分明，适用于书刊正文排版。仿宋体有宋体结构、楷书书法,粗细一致、清秀挺拔,多用于诗歌的排版。书籍中字体变化较丰富的是标题,一般选用较粗的字体,如琥珀体、综艺体、粗黑体、特圆体等。

书籍字体的选择要与内文和整体风格相协调。图 3-27 所示的《中国散文史长编》书籍版式设计中,选择书法题来做标题就很合适,和散文表达的意境能产生共鸣。

图 3-27　《中国散文史长编》书籍版式设计

如图 3-28 所示的儿童书籍,用粗圆、卡通体等字体做标题才显得更加活泼有童趣。

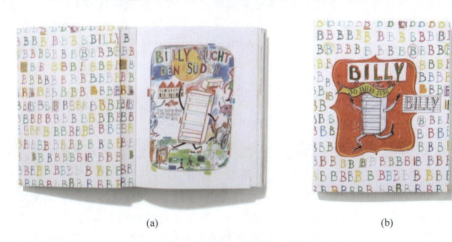

(a)　　　　　　　　　　　　　　　(b)

图 3-28　儿童书籍版式设计

 小贴士

《青年视觉》中的字体选择与设计

图 3-29 所示是时尚杂志《青年视觉》,其在开本上采用的是大 16 开,以拓展青年视觉为目标,主题划分为时尚、空间、科技、艺术、人文等,设计者根据不同的主题大胆运用独特的文字编排手法,借以拓展版面的视觉风格。

从中我们可以感受到字体造型在设计运用中呈现出的不同特性,不同的字体造型具有不

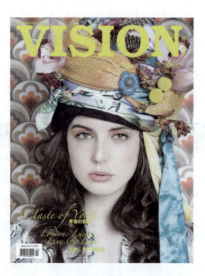

图 3-29　《青年视觉》中的字体选择及设计

同的内容叙述性和感情色彩，要寻求不同字体间的联系，对此应该有深入的了解。

这样，会在保持字体独特个性的同时，使设计的形式与内容统一，增强书籍版式的整体视觉诉求效果。合适的字体造型可以成为设计师的"灵感触角"，有利于创造出更符合书籍形式及内容的独特版式语言，有利于激发书籍与读者之间感情的交流。

（四）字号选择

字号是表示字体规格大小的术语，通常采用号数制、点数制和级数制来表示。号数制是计算活版铅字规格的单位，有初号、1号、2号、3号、4号、5号、6号、7号等。点数制是国际通用的铅字计量单位，每点等于 0.35mm。点也称"磅"，通常写为"P"，在计算机排版系统中多用点数来计算字号大小。

字号的大小关系到阅读效果。大号字一般用于标题和重点部分；中号字适合正文，常用的是 5 号字；小号字一般用于注释、说明等。而为了阅读的需要，一般老年读物和儿童启蒙读物用 4 号字或 3 号字。

图 3-30 所示的《品位女人》书籍设计，封面中标题字号较大，突出了书籍内容。在目录页中，错落有致、富于节奏感的字号大小，让书籍版式有细节可看。

在书籍版式设计中一味地追求它的艺术性，把字号过分缩小，字体虚化甚至重叠、复加、添加装饰物，无休止提高成本的做法都是不可取的。不管版式排列的变化再"艺术"，读者也不会认可。设计中一定要遵循可读性、可视性、便利性和愉悦性的原则。阅读是书籍装帧设计的终极目的，好的设计就是能适合任何读者的阅读。

（五）页眉页脚和页码设计

页眉页脚和页码是在版心上方、下方起装饰作用的图文。页码可根据放大需要放于页眉页脚，或是切口位置。在书籍版式中，页眉页脚及页码是小细节，能使整个页面达到精致和完美的视觉感受，成为版式设计中的一大亮点。

页眉页脚具有统一性，在书籍版式中，页眉页脚可以使页面之间更连贯，形成流畅的阅读节奏。图 3-31 所示的《品味女人》内页版式设计，页眉页脚根据书籍内容进行设计，既变化又统一，富于设计形式感。

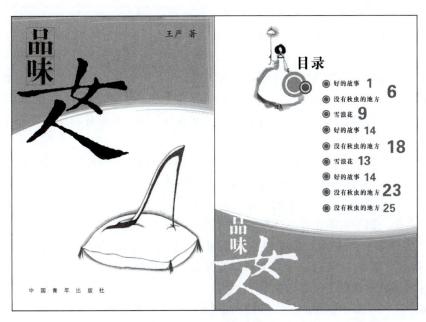

图 3-30 《品味女人》封面版式设计

图 3-31 《品味女人》内页版式设计

三、书籍版式个性情感化设计

书籍艺术家格特·冯德利希告诉我们："书籍重要的是按照不同的书籍内容赋予它合适的外观，外观形象本身不是标准，对于内容精神的理解才是根本的标志，形式为内容服务的功能是没有争议的，但应把它进一步理解为积极地、创造性地表现内容。"

在这里我们并不是强调书籍版式有超越其他设计元素的重要性，而只是为了说明形式的丰富变化会使书籍充满个性的表情。如若这种形式是在把握书籍内容的基础上提炼，并符合书籍的精神,那么书籍的情感就能得到很好地彰显和传达,从而达到版式设计的目标。即补充和强化作品的内在精神并准确地传递给读者,使两个精神世界得以沟通,情感达到共鸣。这正如作家利用语言,书籍装帧设计师则利用了形式语言。

书籍版式设计形式必须与人的主观感受相联系,才能产生情感。而人的心理对于特定的形式有特定的感受,尽管这种感受有时是模糊的、不清楚的。生命科学的突破使触觉、嗅觉、视觉、味觉、心理及生物科学规律成为信息设计的主要参考因素,而所有的感觉器官都会牵动情感的细微变化。

对书籍内容的理解,对民族文化的诠释,对读者群体的了解……总而言之,设计师通过思想、情感的表达赋予书籍同样的内涵,才能使读者理解并引发共鸣。

图 3-32 所示是旅游类书籍《藏地牛皮书》,自出版以来受到了无数自助旅游者和书籍设计者的追捧与喜爱。因为它不仅是一本旅游书,它的独特之处在于它的装帧与版式设计上,浅黄色的荷兰蒙肯纸全部涂成了黑色的不规则书边,书脊一侧开有两个小孔,当书被翻得七零八落时,可以任意找一根绳子穿缀其中,以保障书的完整。书内别出心裁的手法比比皆是:手绘地图、速写、插图、大量的摄影照片和书中横、竖、斜排的版式;大小不一、字体不一、字距行距不一的文字排版;彩色与黑白的图片相互穿插;字里行间还配有许多手写的记号和用钢笔随意圈点的线框、箭头,显得随意、自然。丰富的版式即使不看内容,也足以让读者怦然心动了。

图 3-32 《藏地牛皮书》版式设计

# 本章小结

版式设计是现代设计艺术的重要组成部分,是视觉传达的重要手段,是书籍装帧设计中一个重要环节,它的成功与否对设计师极为重要。探讨书籍版式设计的创新,具有理论意义和实践意义。现代书籍的设计者,应该紧紧围绕任何烘托图书内容这一实际需求,进行版式设计。实用与审美并重,构思、设计出无穷无尽的书籍版面,使书籍设计生动活泼、多姿多彩。

思考题

1. 谈谈书籍版式设计的形式美法则。
2. 书籍版式设计的方法有哪些?

# 实训课堂

为时尚人文杂志《中国国家地理》设计6个版面。要求版式新颖,体现时代性和文化感,强调图文结合形成的视觉冲击力。

第四章

书籍插图设计

学习要点及目标

1. 了解书籍插图设计的定义、功能与发展；
2. 理解书籍插图的分类形式与艺术特征；
3. 掌握书籍插图设计创作中风格定位、表现形式、编排节奏等相关知识技巧。

核心概念

书籍插图分类形式、艺术特征、插图设计、插图编排形式、插图版式设计规律

 引导案例

奥布雷·比亚兹莱与《莎乐美》插图

奥布雷·比亚兹莱（Aubrey Beardsley），英国插图画家，继王尔德之后唯美主义运动的突出人物。

1894年比亚兹莱为王尔德的剧本《莎乐美》作的插图，画风深受新艺术的曲线风格和日本木刻的粗犷感影响，使其闻名遐迩。当世纪末的英国画家们沉溺于在古老传说的故纸堆里找寻美丽与温婉的诠释时，比亚兹莱却用一种更新、更绝对的方式表达他自己的艺术理念。

"疏可走马，密不透风。"《莎乐美》的插图中采用大量头发般纤细线条与黑块的奇妙构成来表现事物的印象，黑白方寸之间的变化竟是这般魅力无穷，强烈的装饰意味、流畅优美的线条、诡异怪诞的形象充满着诗样的浪漫情愫和无尽的幻想，如图4-1所示。

图 4-1 《莎乐美》插图

第一节　书籍插图设计概述

　　书籍装帧设计旨在营造一个形神兼备、表情丰富的生命体,而这仅靠文字的变化是很难达到的。早在我国古典小说盛行的时期,就有"凡有书必有图"的说法。插图是书籍装帧设计中独创性较强、艺术性较浓的一个部分,有着文字不具备的特殊的表现力。从书籍发展的历史来看,插图并不仅仅是从属于书籍的。随着科技的提高,材料纸张和表现手法、技法的不断丰富,现代书籍插图呈现出一种多元化的趋势,丰富着人们的文化生活。

一、书籍插图的定义与功能

　　插图属于"大众传播"领域的视觉传达设计(Visual Communication Design)范畴。是一种视觉传达形式,是一种信息传播媒介。在西方世界,为书籍等绘制插图的艺术家被称为"Illustrator",而"Illustration"这个词的定义是"为解释文字的内容、增加文字的视觉感和书本艺术氛围的插图、图片、图表"。按照《现代汉语词典》的解释,插图是"插在文字中间帮助说明内容的图画,包括科学性的和艺术性的"。

　　书籍的插图是一个以书为载体,为书服务的文化、视觉元素。

　　在功能上,插图设计能增强书籍的形式美,提高读者阅读兴趣。通常插图会被用于封面的设计中,吸引读者在对书籍内容全然不知的情况下去翻看、阅读,这就是视觉的作用和魅力所在,同时也是在进行阅读前书籍与人们之间最初的交流和互动。而插图用于正文的版式设计中,可以营造出或庄重,或淡雅,或轻松,或活泼……的氛围,更好地体现书籍的风格,在这基础上美化和装饰书籍。图 4-2 所示的《诸葛村乡土建筑》一书,封面、封底以自然的手绘形式,用生动质朴的线条描绘出了诸葛村的传统民居建筑,具有很强的形式美感。

图 4-2 《诸葛村乡土建筑》插图

图 4-3 所示的不同的国外书籍封面插图中,各种鲜艳的颜色美好地叠加,混合使用了各种字体,给读者创造了一个美好的童话意境。

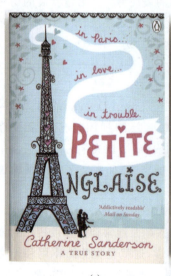 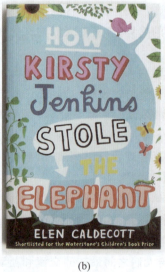 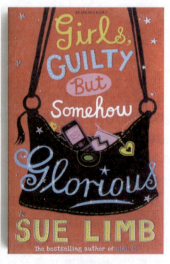

(a)　　　　　　　　　　　(b)　　　　　　　　　　　(c)

图 4-3 国外书籍封面插图

同时，书籍插图是弥补文字语言表达不足的视觉形象，能给读者以清晰的形象概念，加深人们对书籍内容的理解。15世纪随着印刷技术的革新和版画的发展，插图对文本的阐释和补充功能能得到了加强。插图的作用发生了从装饰画到阐释的转变，此后的插图与书籍的文本之间形成了较密切的互补性。

插图艺术家以自己的理解与想象扩展了文本的认知空间，文本的阅读也因插图的形象而丰富了认知的内涵。许多优秀的文学名著如《堂吉诃德》曾被人们反复出版，多次创作插图，使文字叙述的情境形象不断具象地显影，许多插图在一定程度上成了书籍的"形象代理"和"文化符号"。所以，书籍插图在知识的传播和书籍阅读的接受性方面发挥了重要作用。

小贴士

《堂吉诃德》的书籍插图设计

堂吉诃德也许是有史以来最著名的文学形象，这位瘦骨嶙峋、满脑袋奇想的游侠骑士早已成为世界文学史的重要组成部分。

《堂吉诃德》在17世纪初刚出版时就引起了插图作者们的极大兴趣，故事中的一切似乎都是绘画的天然题材。

19世纪最著名的插图画家古斯塔夫·多雷的插图杰作，以"漂浮在梦幻中"的辉煌风格升华了《堂吉诃德》辛酸的理想主义色彩，并在其表面的怪诞、幽默之中，表达出深刻的沧桑和凄凉。正因为多雷的天才贡献，将堂吉诃德独特的形象和经历留存在了不同时代的读者与不朽的历史中。

多雷为了给《堂吉诃德》配画，花费了大量时间亲自到西班牙各地旅行，这使得他独特的造型才能、壮观的背景设计和西班牙实地的风土人情相得益彰地结合在了一起。可以这么说，《堂吉诃德》辛酸的理想主义色彩，唯有多雷"漂浮在梦幻中"的辉煌风格能与之相配。也唯有多雷，才能在《堂吉诃德》表面的怪诞、幽默之外，表达出其骨子里的沧桑和凄凉。

到了20世纪，超现实主义绘画大师达利为《堂吉诃德》绘制了插图，图4-4所示的插图充分表现了达利这位现代绘画大师超乎常人的想象力和表现力。

二、书籍插图的发展

自古以来，插图一直被宗教、文学、词典、图鉴等所引用作为文字的辅佐，透过图画、图解而赋予文字具体的内容。书籍插图不是单纯的美术问题，它必须与当时书籍生产与传播的方式、印刷的技术条件、读者对书籍的阅读心理和接受倾向相关联。

中外书籍插图的发展轨迹具有相同的趋势，皆是从手抄本书籍的手绘插图向印刷本书籍的复制插图过渡。它既是技术、材料、装帧的进步，也是文化需求的反映。

在以竹简、木牍、缣帛为载体的汉代以前，书籍已出现图文相配。在《汉书》中已有图籍的书目著录，在考古发现的实物中有多件图文并茂的帛书文献。造纸术发明后，插图书籍逐渐增多。《隋书·经籍志》就著录了《周官礼图》十四卷，《郊祀图》二卷，《三礼图》九卷，《尔雅图》十卷等。这些手绘插图虽已亡佚而未见存世，但它们是以后版刻插图的先声。

在印刷术刚刚发明的时候，人们利用石板或木板的黑白线条绘图技术来制作书籍插图，出现了少量的经帛卷的印刷品，现存世最早的雕版木刻书籍插图存于英国伦敦大不列颠博物馆，是敦煌莫高窟藏经洞中的《金刚经》插图，为唐代咸通九年（公元881年）出版。图4-5所示的《金刚经》插图描绘了佛教的境界，手法纯熟浑厚，是一幅十分熟练的古代图画。

图 4-4 《堂吉诃德》插图

图 4-5 《金刚经》插图

北宋时期，儒家经典和文学读物渐渐占据主导，同时也出现了文学插图。元代兴盛的戏曲折子、小说杂剧等市民文化大大推动了图书出版以及书籍插图的发展。明清时期是一个小说文学的繁荣期，也是人文科学、自然科学、社会科学的一个重大沉淀期，常见的书籍除典籍、文学作品之外还有大量的历史、军事、医学、考据学等相关书籍，书籍插图在这一时期也得到了更为广泛的运用和推广。

在15世纪德国人谷登堡发明的铝合金活版印刷术以及脂肪性油墨的发明，大大提高了印刷的质量和速度，使大量的书籍开始传播。书籍传播成为信息传播的主要渠道，于是插图得到了更为广泛的推广。从此，插图的应用便成了近代视觉传达的主流。而这个时期，书籍是使用插图的主要媒介。

到了19世纪后半叶，不断有如英国的华尔·特克兰与凯利·葛利纳韦依等人的儿童图画书——一般以插图而非以文字为主的出版物品出现。此外，19世纪末开始，许多出版的杂志也极为重视图版与插图。因此，书籍成了插图的最佳媒介，并逐渐使其视觉传达方式确立了下来。

摄影技术问世后，绘画艺术开始趋于抽象化，不论是构图或技巧都增添了表现内容的意义性、象征性、风俗性等的魅力或面貌，追求色彩的再现性，重视个性表现。从而导致了对现代绘画影响巨大的艺术流派的出现，如印象主义、象征主义、立体画派等现代绘画艺术流派。也使插图受到了巨大的影响，插图绘画的形式也更加多样化。由于绘画材料的多样化，从而使绘画的技巧上出现了由单一的石板印刷、油画到水彩、丙烯等技法的发展。

随着现代印刷工艺的革新以及计算机的出现，包括Photoshop和Illustrator等各种图片处理软件的大量提供，设计的技巧以及方式得到了很大的改观，让书籍插图的技法实现有了更多的可能。

第二节　书籍插图设计的分类

书籍插图设计可按照书籍插图的类型和书籍插图的编排形式两种方式进行分类。

一、按照书籍插图的类型进行分类

按照书籍插图的类型，书籍插图可以分为技术插图和艺术插图。

（一）技术插图

技术插图是某些学科内容（天文、地理、军事等）书籍的一个重要组成部分。有许多东西，仅仅靠文字很难说清楚，必须依靠插图来表现。这类插图以帮助读者进一步理解知识内容，以达到文字难以表达的作用。它的形象语言应力求准确、实际，并能说明问题，要能做到严谨准确。

优秀的技术插图，不仅能让读者一目了然，还能将难以理解的概念形象化。比如，一个苹果的照片能帮助我们看到非常客观的形状、颜色、结构和质感；一粒种子的说明图，不仅能再现它的形状、结构，而且能把它在土壤中发芽的过程体现出来。图4-6的书籍内文插图所示，通过步骤图形象说明了一些急救的知识；图4-7的书籍插图所示，通过绘制地图进行说明也是一幅典型的技术插图。

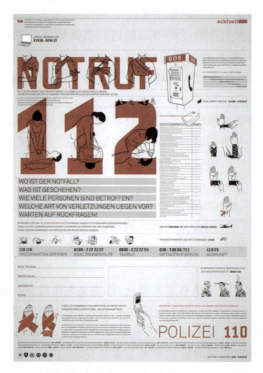

图 4-6　书籍中的技术插图（内文）

图 4-7　书籍中的技术插图（地图）

（二）艺术插图

艺术插图是以文学（小说、诗歌散文、民间文学、寓言、儿童读物类等）为前提，用色彩、图形等视觉因素去完成书中人物环境的塑造，以及以文学作品限定的主题和提供的素材进行的再创造。文学内容是插图设计的前提，艺术插图能含蓄地体现文学的内涵，不像技术插图以图解为任务,它具有与文学相对应的独立欣赏价值。

小说类插图是通过绘画的手段来完成叙事性的艺术表现,达到叙事的目的。以一系列插图作品来表达小说的时间过程和空间形态,通过插图把读者带入小说的情节和意境之中。比如,图4-8上海人民美术出版社出版的《红楼梦》的插图,通过文本和图像双重引导,把人们带入"别开生面梦演红楼梦"的意境。

(a)　　　　　　　　　　　　　　(b)

图 4-8　《红楼梦》插图

诗歌散文类插图用一定的艺术手段,或浓妆艳抹或清淡达意,表现诗歌散文的意境美和韵律美。图4-9所示意禅味颇重的《当时只道是寻常》系列丛书,借助菊花、莲花、兰花的形象,巧妙又不失唯美地带人们走进书籍所传达的意境。

(a)　　　　　　　　　(b)　　　　　　　　　(c)

图 4-9　《当时只道是寻常》系列丛书插图

寓言类插图通常采用适当的夸张处理，构图集中、简练概括，用幽默的艺术手法来表现深刻的寓意。图 4-10 是《伊索寓言》的插图，用黑白的简练手法刻画角色形象，体现故事内容。

(a)

(b)

图 4-10 《伊索寓言》插图

民间文学类插图则采用多种民间的艺术形式，如剪纸、木版画、皮影戏等，从而更加符合民间文学的艺术风格。图 4-11 所示的关于十二生肖的书籍装帧就采用了剪纸的插图形式，透出一股喜气洋洋的年味。

儿童读物类插图由于适合人群的特定性，通常采用简洁易懂、色彩明快的艺术风格，使画面活泼有趣，富有想象力。图 4-12 所示的儿童读物类插图稚拙可爱，童趣盎然，很容易吸引孩子阅读。

图 4-11 十二生肖书籍插图

图 4-12 儿童读物类插图

二、按照书籍插图的编排形式进行分类

按照书籍插图的编排形式，书籍插图可以分为文中插图和单独插图。

（一）文中插图

文中插图是指插图在书籍中的编排是夹排在文字中间的，在一个版面上有文、有图。文中插图起着美化版面的作用,但必须紧密结合内容以及考虑印刷的形式等。图4-13的书籍内页中,插图和文字的组合编排就很讲究穿插,在对称中呈现出一种变化。各种图形插入文字之间,使版面上的色调产生细致有序的变化,与文字既形成了对比又相互衬托,整体效果十分丰富。

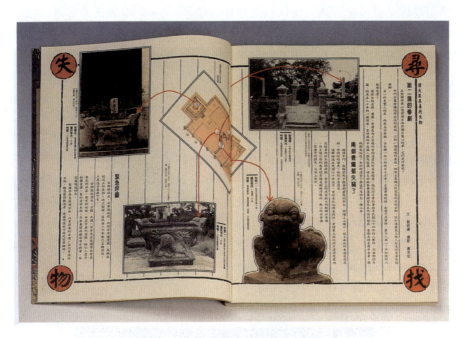

图4-13　书籍的文中插图

(二)单独插图

单独插图是指插图在书籍中的编排是作为单独的插页,文字和图画不在一个版面上,也叫插页式插图。单独插图要注意安排得当,不能影响前后文字的连贯。图4-14是由画家马得插图的《姹紫嫣红·马得昆曲画集》。该书以昆曲传统剧目的代表唱段、念白为文字,精选马得先生的插图以单版一一对应,以期通过珠联璧合的形式,弘扬昆典这一珍贵的世界文化遗产。

(a)　　　　　　　　　　　　　　　(b)

图4-14　《姹紫嫣红·马得昆曲画集》的单独插图

第三节　书籍插图设计的艺术特征

书籍插图设计是以形象方式被瞬间接受和评价的，用文字难以表达的思想、信息借助图形可以达到瞬息沟通的效果，人们从欣赏的乐趣中获得信息、知识。在信息化的今天，插图在书籍装帧设计中已成为占有特定地位的视觉因素，并呈现出了多元化的艺术特色。

一、从属性

就书籍设计中插图的应用功能而言，插图不能够离开书籍而独立存在，因而插图的形式、风格、内容、色彩、放置的位置、大小等都与书籍的整体设计有着密切的关系。插图作为装帧的一部分，要考虑表现形式与印刷工艺之间的适应因素，考虑配置上与版面风格的一致性，即版面内部的版心、栏、行的控制因素，放在版心的什么位置，将产生什么样的节奏、韵律等。一幅单独看上去很漂亮的插图作品，如果它的风格与这本书的风格不搭，也不能称为好的书籍插图作品。

比如，水墨的效果如果应用于科技感很强的书籍就会显得很不合适，而卡通造型应用于传统感很强的书籍看上去也会格格不入。所以在一套完整的书籍设计中，插图的选择对于书籍的整体风格具有从属性的特征。图 4-15 所示的是《剪花娘子库淑兰》一书的装帧设计，选取色纸来印刷内页，配合加边的字体与传统纹样，剪纸插图的应用饱和又鲜明，充分展示了书籍表达的传统特色工艺。

(a)

(b)

(c)

图 4-15　《剪花娘子库淑兰》插图

图 4-16 为《音乐的平面设计》一书的插图设计应用。书中都是一些非常现代的音乐 CD 或 DVD 等的设计,插图风格趋向前卫时尚,这跟书籍本身介绍的音乐样式内容有关——其中很少有古典音乐的作品。

图 4-16 《音乐的平面设计》插图

二、独立性

书籍设计中插图具有从属性的特征,但是并不意味着插图本身就是对本文的描摹。书籍中插图的创作之所以被称为"创作",是因为它与书籍的文字作者一样,倾注了创作者对于作品的理解,并且融入了自己的情感。书籍插图既是作家文字的形式感体现,又是画家对于书籍的二次创作。因而书籍设计中插图具有独立性的特征,好的艺术插图本身就是一件艺术作品。

图 4-17 是一本记录和描述地震情况的书籍。鉴于地震当事人其实不愿意看到真实的文字记载和图片(引起不好的回忆),设计师采用较为抽象的插图传达内容信息。封面是图形化的象征建筑的文字,而封底的设计是已经倒塌了的文字,文中还有硝烟尘土弥漫的震毁瞬间……这些都把地震的感觉和经历转化为了图形。在不依赖文字的情况下,通过插图也能引起人们的共鸣与想象。

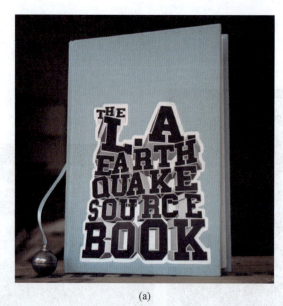

(a)

(b) (c)

图 4-17　有关"地震情况"的书籍插图

三、整体性

在书籍设计中,插图的应用往往也具有整体性的特征,从而能够更好地体现书籍装帧的统一性。比如,某个插图元素贯穿书籍始终,或者在系列书籍当中,插图角色等表现出造型风格的统一性。

正如图 4-18 所示,日本插画师高木直子在书籍《150cm Life》系列中依据本人形象创作出的卡通造型——一个顶着蘑菇头、个子矮矮却又个性爽朗的女孩,依次出现在全套的 3 本书中。后来这个女孩形象又成为《一个人的第一次》系列作品中的主角,如图 4-19 所示,给人留下了深刻的印象,而这个女孩也成为高木直子书籍插图造型的标志。

四、审美性

书籍的整体装帧设计对书籍本身起着美化的作用,并且是书籍内容和风格的直观体现。同样,插图的存在也对书籍起着美化的作用,插图本身就是书籍内容审美形式的再现。

图 4-20 中散文类书籍封面插图采用淡墨与书法结合,并且有大量的留白,与书中黑白文字天然契合,协调一致。而图 4-21 所示的书籍中彩色的插图打破黑色文字的单调,获得活跃视觉心理的效果。

图 4-18 《150cm Life》系列书籍插图

图 4-19 《一个人的第一次》系列书籍插图

图 4-20 散文类书籍封面插图

图 4-21 书籍中的彩色插图

第四节　书籍插图的创作表现

书籍插图的创作要掌握以下 4 个方面的知识。

一、理解原著，做好插图风格定位

书籍插图的创作要做到根据对文字内容的理解、书籍整体设计定位来考虑插图的风格定位。好的插图不是简单的文字图解，插图创作的第一步在于对原著的理解，通过了解原作的主题精神而进一步确定插图风格和定位。通过深入阅读原著，可以搞清原著是中国文学还是外国文学，是古典文学还是儿童文学，是小说、散文、诗歌还是童话、寓言、笑话；原著风格是粗犷豪放、细腻严谨还是热情活泼、纯朴深沉；原著中所描写的历史时代、人物形象、服饰道具、日常习俗、建筑环境等，并且通过视觉形象资料加深理解。

只有按原著要求确定作品的风格基调贯串于全部画幅中，插图的创作才能表现深入，而不至于概念。图 4-22 所示的是为美国著名奇幻小说作家塞门葛林的小说《夜城》系列制作的封面。《夜城》结合了冷硬推理和都会奇幻的元素，因此在创作这些封面的时候，采用了虚幻写实的超现实主义手法，力求表现出一种由现实抽离出来的奇幻气息，一种压抑的气氛和冷峻的色彩。

图 4-22　《夜城》系列插图

二、根据书籍的不同类别把握创作技巧

1. 文学类书籍插图主要根据情节、意境来把握

如果文学原著的篇幅很长、插图又不是连环画式的以图为主，则需要我们通过一幅插图抓住一段文字的情节内容的主题，将最具有典型意义的文字内容并适合于绘画表现的情节表现出来。

这种插图不是停留在看文识图上，而要经过再创作，使其具有艺术个性的感染力。同时也要深入具体、刻画入微，让读者从中既能得到艺术的享受，又能感觉到具体的生活形象。

图4-23所示的陈老莲为《西厢记》所绘的名为"窥简"的插图,择取莺莺躲在屏风一端看信,发自内心深处的喜悦;红娘偷偷从屏风另一端察看,她手指点在唇边,机灵的神态活现出少女聪敏活泼的形象。画面处理极为简洁,以一扇精彩的屏风展现了闺房的环境,上面的花鸟画,无论是飞翔交错的蝴蝶,还是窃窃私语的鸟儿,都巧妙地传达了莺莺的美好愿望。

图4-23 《西厢记》中的插图"窥简"

2. 科技类书籍插图着重表现科技类书籍严谨准确的特征

科技类书籍插图要求表达的内容准确,有助于读者对专业知识的理解。图4-24所示的《天工开物》是世界上第一部关于农业和手工业生产的综合性著作。它对中国古代的各项技术进行了系统的总结,构成了一个完整的科学技术体系。

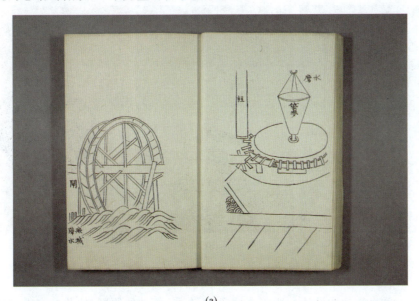

(a)

图4-24 《天工开物》插图

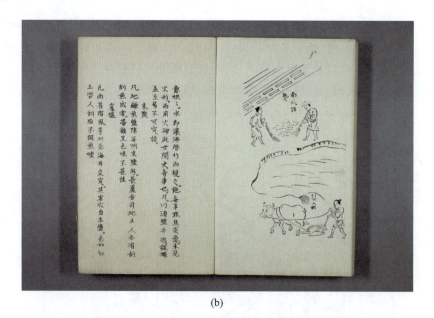

(b)

图 4-24 （续）

书中收录了农业、手工业、工业——诸如机械、砖瓦、陶瓷、硫磺、烛、纸、兵器、火药、纺织、染色、制盐、采煤、榨油等生产技术。绘制精良的 123 幅插图，结构合理，画面生动，如临现场，与文字互为表里、相得益彰。

3. 儿童类书籍插图创作要求具备常识性的儿童心理学知识

儿童稚嫩的观察力和思维力，使他们对特征突出、形式简洁、具有趣味性和故事性的插图形象更感兴趣。优秀的儿童类书籍插图不应该只是图解故事，而必须具有强烈的视觉感染力。图 4-25 的插图，通过生动的形象、明亮艳丽的色彩刺激儿童敏锐的观察力，引发儿童对事物的好奇。

(a)　　　　　　　　　　(b)　　　　　　　　　　(c)

图 4-25　儿童类书籍插图

另外，儿童类书籍插图设计一般应遵循童趣、夸张、简洁的原则，使儿童在得到视觉满足的同时加深对事物的认知。设计者应该用儿童的眼光和思维去观察、理解周围的世界，从儿童审美心理出发,体味儿童对事物的心理感受,这样才能更加契合儿童的审美标准,才会创造出刻印在儿童心中的插图作品,使儿童类书籍插图得到知识性、趣味性、艺术性的完美统一。

儿童类书籍插图需要通过各种有效手段如场景氛围的营造、色彩的运用、材料的多样化、互动手法来增强插图的画面感染力。图 4-26 所示的儿童书籍趣味插图中,各种动物形象与手指配合,达成非常有趣的互动画面,让人忍俊不禁。

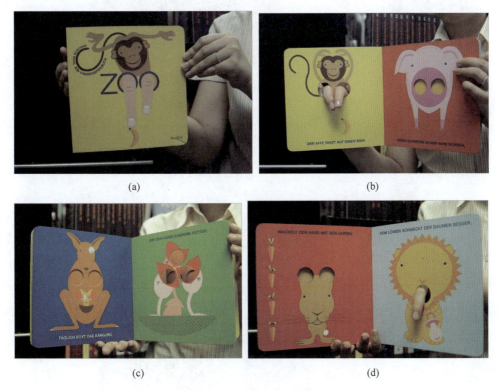

图 4-26　儿童类书籍趣味插图

 小贴士

（一）岩崎千弘和《窗边的小豆豆》

岩崎千弘,日本儿童插画家,出生于 1918 年 12 月 15 日,14 岁开始学习油画和素描,18 岁开始学书法。连环画剧《我母亲》(1949 年)是她的处女作。曾获得博洛尼亚(Bologna)国际儿童图书展图像(graphic)奖(1973 年)、莱比锡(Leipzig)国际图书展铜奖(1974 年)等各项大奖。

《窗边的小豆豆》是一本关注小学生教育和心理的小说,它适合小学生阅读,也适合小学生的家长和从事小学教育的教师阅读。《窗边的小豆豆》中的插图是岩崎千弘的代表作,如图 4-27《窗边的小豆豆》精致的水彩插图所示。岩崎千弘把小孩子的神态表达得非常传神到位,看着书中的插图,想象着小豆豆的童年故事,让人在书中流连忘返。

岩崎千弘一生都以儿童为绘画主角。她融合当母亲的育儿观察经验和对自身童年的回忆,画笔下的婴幼儿和孩童都生机盎然,纯真可爱,更有独特的表情和思想。岩崎千弘的画风是以西洋水彩画为基础,加入中国和日本传统水墨画的技法,创造出她透明纤细和充满流动感的个人风格。即使没有模特,她也能画出 10 个月孩子与 1 岁孩子的区别。9300 多件作品中,留下了孩子们的各种姿态,体现了画家敏锐的观察力和卓越的绘画技巧。

图 4-27 《窗边的小豆豆》插图

（二）波隆那国际儿童书展与《波隆那插画年鉴》

意大利波隆那国际儿童书展是一个多向交流的沟通平台，是出版社、版权代理商、儿童书插画家一年一度拓展视野、开创业务的绝佳时机。它之所以能有今日的影响力，完全根植于其深厚的文化和长达40年举办童书展的历史。

1964年当地举办了第一届国际童书展，此后举办的书展经验日臻成熟，并得到越来越多童书出版从业人士的认可，从此奠定其在国际童书领域的地位。规模庞大、参与国家众多一直是意大利波隆那国际儿童书展的最大特色。除了展览之外，还设有许多奖项，其中意大利波隆那国际儿童书展最佳选书为首要奖项，以其注重视觉和文学艺术价值的选书标准著名。每年入选书单广纳各方作品，频频有令人惊艳的作品。

《波隆那插画年鉴》选自每年一度的波隆那国际儿童插画展，其评委会均由国际著名的画家、平面设计家和图书编辑组成，每届都有来自世界几十个国家的数百位艺术家提供近千幅作品参展，代表了当今世界童书插画的最高水平。《波隆那插画年鉴》与波隆那国际儿童插画展一样,每年都备受各国艺术家关注,并以多种文字版本在全世界畅销不衰,已成为从事绘画与设计的专业人士和美术院校学生的必藏图书。

三、书籍插图的表现形式

书籍插图的表现形式非常丰富,大致可分为以下4种。

(一)写实性书籍插图

写实性书籍插图是创作者对客观对象的写实性表现。写实风格的书籍插图因所使用工具和材料的不同,而呈现出不同的面貌——或简约朴素,或深入细致,或厚重朴实等。尽管写实风格的书籍插图呈现给我们的是一个看似真实的画面,但它其实经过插图创作者精心构思和组织。在这种构思和组织的过程中,可以强调对主题起突出作用的形象,削弱与主题无关紧要的形象,删减会淡化主题的某些形象。总之,写实性书籍插图仍然强调意念、情感的表达以及个性的特征和追求。

图4-28表现建筑设计书籍的插图中,利用摄影图片渗入创作者的主观意念,使读者产生直观印象而达到创作目的。

图4-28 建筑设计书籍的插图

图 4-29 所示的书籍插图设计中,利用铅笔手绘的黑、白、灰形式表现了各种动物的形象。

图 4-29 书籍中的动物插图

(二)抽象性书籍插图

抽象性书籍插图是指插图作者利用有机形、几何形或线条组合,运用各种材料混合变化而产生的偶然性效果。这种表现手法通常结合肌理纹样达到视觉效果。图 4-30 所示的书籍设计,其内容集合了众多的类似样本、卡片、海报等商业推广设计,因此其插图设计也运用了非常现代的表现手法,点、线、面抽象图形组合形式灵活多变,给读者丰富的视觉体验,也留有更多的想象空间。

(a)　　　　　　　　　　　　(b)

(c)　　　　　　　　　　　　(d)

图 4-30 抽象性书籍插图

（三）卡通漫画式书籍插图

卡通漫画式书籍插图是为了增加阅读者趣味感而采用的表现手法，可使用夸张、变形、幽默等手法达到视觉效果。卡通漫画式书籍插图能使所要表现的主体更加生动、有趣、独具特色和富有亲和力。以往卡通形象的书籍插图主要是针对少年儿童的，但随着科技进步和媒体发展，许多卡通形象也得到了成年人的喜爱。

图 4-31 所示的 *Hyper Activity Typography* 是一本卡通风格的有关字体和排版设计的答题册，给读者的体验就好像边做儿童游戏，边了解设计知识一样亲切和放松。

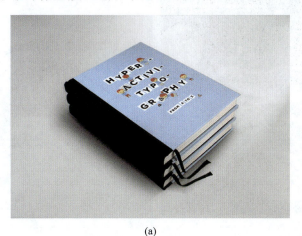

图 4-31　*Hyper Activity Typography* 插图

（四）混合式书籍插图

数码元素、摄影、手绘作品、自然形态、特种印刷、街头艺术等各种不同质元素进行多方面融合、混合使用可产生变化丰富的视觉效果，定义一种全新的视觉美感。

如图 4-32 所示的 *Computer Arts* 是世界各地设计师钟爱的一本杂志，其封面插图采用了混合式的艺术形式，呈现了百家争鸣、美不胜收的视觉效果。

图 4-32　*Computer Arts* 插图

四、书籍插图的编排节奏

书籍插图是通过情感的传递，引起与读者的共鸣和心灵上的沟通。一方面，书籍插图依靠读者与书籍之间建立的心理线索，根据内容的高潮起伏做相应的插入；另一方面，还要注意阅读中的文字与插图之间的节拍，即阅读、间隙、看图，从人的生理、心理来考虑人的最佳接受的时间与空间，并摄取能推动文稿发展、便于诱导读者产生联想和想象的关键之处加以插入。

插图放置的位置、大小等形成的流动感，同样也是插图编排节奏的体现。一般主图大，次图小。图 4-33 所示的书籍插图中,通过插图的大小分出空间层次。大幅的图片,占据版面的大量空间,具有强烈的视觉冲击力,突出了主题。而小幅的插图在版面中起到了平衡、活跃气氛、增加韵律动感的作用。

图 4-33 书籍插图的编排节奏

本章小结

插图是书籍装帧设计的一部分,必须考虑插图的表现形式与书的文字、纸张、印刷等之间的相互关系,无论是静止的图形,还是流动的线条,都要与文字共同构成一种力量,表达一种精神。在书这块容量有限、体积狭窄的方寸之地上,发挥插图的艺术魅力与审美情趣,还是要建立在把握书的整体神气的基础上。

思考题

1. 请谈谈书籍插图设计的定义、功能与发展。
2. 书籍插图的艺术特征是什么？
3. 尝试阐述书籍插图设计创作中风格定位、表现形式、节奏编排等相关知识和技巧。

 **实训课堂**

任选一文学作品，为其创作不少于 8 页的插图系列。要求插图大小为 A4 幅面，技法不限，风格不限。

第五章

书籍装帧印艺设计

学习要点及目标

1. 了解书籍装帧设计相关的印艺设计知识,拓展书籍装帧的设计空间;
2. 通过对书籍装帧印艺设计的学习,增强书籍设计品质,提升实践能力,为达到精品设计奠定基础。

核心概念

书籍承载物设计、书籍印艺设计、书籍印刷纸张种类及规格、书籍印刷开本设计

 引导案例

I Dare You 口袋书

图 5-1 所示的是一本书名为 I Dare You 的口袋书——一本只有 83mm×111mm 的口袋型小册子。这是一本艺术家思考专辑,提出了 400 条问题,希望读者可以由此引发深思,形成更深入的探究。有趣的是,这些问题的答案都隐藏在书页间,答案需要自行裁开某些书页才能看到。

这本书给我们提供了几个关键信息:书籍尺寸、特殊的印艺设计等,那么书籍如何确立大小尺寸?通过印刷手段如何满足读者的阅读兴趣?并且还能通过以上的设定创造性地传递书籍内容?

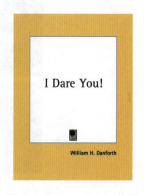

图 5-1　*I Dare You* 口袋书

第一节　书籍承载物设计

书籍承载物就是印刷品的载体,其形式多样,重量、色彩以及质地各不相同。承载物的选择,对最后印刷的效果起着举足轻重的作用,它能决定印刷品的质感,同时可以保证印刷品的质量。

一、书籍承载物的选择

书籍承载物也是一种语言,作为最外在的形式,它仿佛是一本书对读者传达的第一句话。好的承载物可以带给人良好的第一印象,而且还能体现出这本书的实用目的和艺术个性。

书籍承载物是指能够表现出图像、文字等信息的一种物质载体,其形式呈现出多样化特点,可以是标准的纸张,也可以是具有细致纹理和触感的特种纸,还可以是硬质的卡板,同时可以延伸到纤维材质、木材质、金属材质、PVC材质等一切可以被书籍装帧设计所需的物质,有些作品可以选用多种材质用于装帧一本书籍,图5-2展现了可作为书籍承载物的丰富的材料。

图5-2　丰富的书籍承载物材料

最为常见的书籍承载体为纸张：铜版纸、道林纸、模造纸、印书纸、画图纸、招贴纸、打字纸、圣经纸、邮封纸、香烟纸、格拉辛纸、新闻纸等。

在印刷中对印刷承载物的选择应有一定的依据，一般来说，选择承载物需要综合两个方面来考虑。首先，印刷图案的设计表现形式需要符合承载物自身的物理性质，有的承载物物理特性适合表现某种特别设计形式，而有的却不能。比如说，为了设计一本古老的、百年历史的图册，就需要选择一些看起来有作旧效果的纸张，如新闻纸、灰卡纸、牛皮纸、轻涂纸、胶版纸等。其次，还要考虑所选的承载物适合哪种印刷、装订方法，是否适合常规数量的出版印制，并计算其成本是否符合设计规划需求。

二、印刷纸张种类及规格

纸是我国古代四大发明之一，是用以书写、印刷、绘画或包装等的片状纤维制品，一般由经过制浆处理的植物纤维的水悬浮液在网上交错组成，初步脱水，再经压榨，烘干而成。纸的种类繁多，我国轻工业部根据各种纸的用途不同，将其分成17类。

其中又分为纸张11类和纸板6类。11类纸张包括印刷用纸、书写纸、制图和绘图纸、电绝缘纸、卷烟纸、吸纸、计器用纸、感光纸、转印纸（原纸）、工业技术用纸、包装纸。6类纸板包括装订纸板、制盒纸板、绝缘纸板、工业技术纸板、建筑纸板、制鞋纸板。

在印刷用纸类中，又有各具不同性能和特点的纸张，如新闻纸、凸版印刷纸、胶版印刷纸、胶版印刷涂料纸、字典纸、地图纸、海图纸、凹版印刷纸、周报纸、画报纸、白板纸、书面纸等。

下面是一些常用的印刷纸张种类。

（一）凸版纸

凸版纸是采用凸版印刷书籍、杂志时的主要用纸。适用于重要著作、科技图书、学术刊物、大中专教材等正文用纸。凸版纸按纸张用料成分配比的不同，可分为1号、2号、3号和4号4个级别。纸张的号数代表纸质的好坏程度，号数越大纸质越差。

凸版纸主要供凸版印刷使用。这种纸的特性与新闻纸相似，但又不完全相同。由于纸浆料的配比优于新闻纸，凸版纸的纤维组织比较均匀，同时纤维间的空隙又被一定量的填料与胶料所充填，并且还经过漂白处理，使这种纸张对印刷具有较好的适应性。

凸版纸具有质地均匀、不起毛、略有弹性、不透明，稍有抗水性能，有一定的机械强度特性。与新闻纸略有不同，它的吸墨性虽不如新闻纸好，但它具有吸墨均匀的特点；抗水性能及纸张的白度均好于新闻纸。

（二）新闻纸

新闻纸也叫白报纸，是报刊及书籍的主要用纸，适用于报纸、期刊、课本、连环画等正文用纸。新闻纸具有纸质松轻，富有较好的弹性，吸墨性能好，可以保证油墨能较好地固在纸面上，纸张经过压光后两面平滑，不起毛，从而使两面印迹比较清晰而饱满，有一定的机械强度，不透明性能好，适合于高速轮转机印刷。

新闻纸是以机械木浆（或其他化学浆）为原料生产的，含有大量的木质素，宜长期存放，纸张不会发黄变脆，抗水性能好，宜书写等。

（三）胶版纸

胶版纸主要供平版（胶印）印刷机或其他印刷机印制较高级彩色印刷品时使用，如彩色画报、画册、宣传画、彩印商标及一些高级书籍封面、插图等。胶版纸按纸浆料的配比分为特号、1号和2号3种，有单面和双面之分，还有超级压光与普通压光两个等级。

胶版纸伸缩性小,对油墨的吸收性均匀、平滑度好,质地紧密不透明,白度好,抗水性能强。应选用结膜型胶印油墨和质量较好的铅印油墨,油墨的黏度也不宜过高,否则会出现脱粉、拉毛现象。还要防止背面粘脏,一般采用加防脏剂、喷粉或夹衬纸。

(四) 铜版纸

铜版纸又称涂料纸,这种纸是在原纸上涂布一层白色浆料,经过压光而制成的。纸张表面光滑,白度较高,纸质纤维分布均匀,厚薄一致,伸缩性小,有较好的弹性和较强的抗水性能,对油墨的吸收性与接收状态良好。铜版纸主要用于印刷画册、封面、明信片、精美的产品样本以及彩色商标等。铜版纸印刷时压力不宜过大,要选用胶印树脂型油墨以及亮光油墨。要防止背面粘脏,可采用加防脏剂、喷粉等方法。铜版纸有单面和双面两类。

(五) 书面纸

书面纸也叫书皮纸,是印刷书籍封面用的纸张。书面纸造纸时加了颜料,有灰、蓝、米黄等颜色。

(六) 字典纸

字典纸是一种高级的薄型书刊用纸,纸薄而强韧耐折,纸面洁白细致,质地紧密平滑,稍微透明,有一定的抗水性能。主要用于印刷字典、辞书、手册、经典书籍及页码较多、便于携带的书籍。字典纸对印刷工艺中的压力和墨色有较高的要求,因此印刷时在工艺上必须特别重视。

(七) 毛边纸

毛边纸纸质薄而松软,呈淡黄色,没有抗水性能,吸墨性较好。毛边纸只宜单面印刷,主要供古装书籍用。

(八) 打字纸

打字纸是薄页型的纸张,纸质薄而富有韧性,打字时要求不穿洞,用硬笔复写时不会被笔尖划破。主要用于印刷单据、表格以及多联复写凭证等,在书籍中做隔页用纸和印刷包装用纸。打字纸有白、黄、红、蓝、绿等颜色。

(九) 邮丰纸

邮丰纸在印刷中用于印制各种复写本册和印刷包装用纸。

(十) 拷贝纸

拷贝纸薄而有韧性,适合印刷多联复写本册,在书籍装帧中用于保护美术作品并起美观作用。

(十一) 白板纸

白板纸伸缩性小,有韧性,折叠时不易断裂,主要用于印刷包装盒和商品装潢衬纸。在书籍装订中,用于简精装书的里封和精装书籍中的径纸(脊条)等装订用料。白板纸按纸面分有粉面白板与普通白板两大类,按底层分类有灰底与白底两种。

(十二) 牛皮纸

牛皮纸具有很高的拉力,有单光、双光、条纹、无纹等。主要用于包装纸、信封、纸袋等和印刷机滚筒包衬等。

 小贴士

纸张的计算单位

克:一平方米纸张的重量,单位为 g;

令:500 张纸单位,称令为出厂规格;

吨:与平常单位一样,1t=1000kg,用于算纸价。

三、书籍承载物的开本设计

开本设计是指书籍开数幅面形态的设计。通常把一张按国家标准分切好的平版原纸称为全开纸,在以不浪费纸张、便于印刷和装订生产作业为前提下,一张全开的印刷用纸开切成幅面相等的若干张,这个张数为开本数。将它们装订成册,则称为多少开本。对一本书的正文而言,开数与开本的含义相同,但以其封面和插页用纸的开数来说,因其面积不同,则其含义也不同。

通常将单页出版物的大小称为开张,如报纸、挂图等,分为全张、对开、4开和8开等。开本的绝对值越大,开本实际尺寸就越小。如16开本即为全张纸开切为16张相等尺寸的开本。设计师们了解承载物的开本尺寸有利于设计师巧妙利用材质,不仅可以设计出特殊尺寸和不规则形体的作品,并且可以节约成本。

由于国际国内的纸张幅面有几个不同系列,因此虽然它们都被分切成同一开数,但其规格的大小却不一样。尽管装订成书后,它们都统称为多少开本,但书的尺寸却不同。如目前16开本的尺寸有:188mm×265mm、210mm×297mm等。

在实际生产中通常将幅面为787mm×1092mm或31(in)×43(in)的全张纸称为正度纸;将幅面为889mm×1194mm或35(in)×47(in)的全张纸称为大度纸。由于787mm×1092mm纸张的开本是我国自行定义的,与国际标准不一致,因此是一种需要逐步淘汰的非标准开本。由于国内造纸设备、纸张及纸型的变化发展等诸多原因,新旧标准尚处在过渡阶段。

(一)纸张的开切方法与开本

承载物纸张的开切方法主要有几何级数开法、非几何级数开法和特殊开法。

1. 几何级数开法

几何级数开法,是最常用的纸张开法。它的每种开法都以2为几何级数,开法合理、规范,工艺上有很强的适应性,适用各种类型的印刷机、装订机、折页机,如图5-3所示。

2. 非几何级数开法

每次开法不是上一次开法的几何级数,工艺上只能用全开纸印刷机印制,在折页和装订上有一定局限性,如图5-4所示。

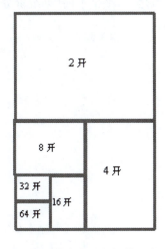

图5-3 纸张的几何级数开法

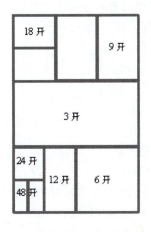

图5-4 纸张的非几何级数开法

3. 特殊开法

特殊开法又称畸形开法,用纵横混合交叉的开法,按印刷物的不同需求进行任意开切组合,如图5-5所示。

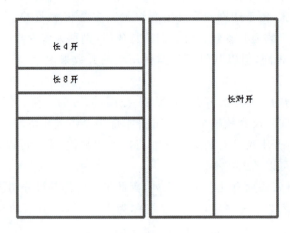

图5-5 纸张的特殊开法

(二) 原纸尺寸

常用印刷原纸一般分为卷筒纸和平版纸两种。

根据国家标准(GB 147—1989),卷筒纸的宽度尺寸(单位:mm)为 1575、1562、1400、1092、1280、1000、1230、900、880、787。

平版纸幅面尺寸(单位:mm)为 1000M×1400、880×1230M、1000×1400M、787×1092M、900×1280M、880M×1230 900M×1280、787M×1092,其中,M表示纸的纵向允许偏差;卷筒纸宽度偏差为±3mm;平版纸幅面尺寸偏差±3mm。

承载物纸张最常见有4种规格:

正度纸:长1092mm,宽787mm;

大度纸:长1194mm,宽889mm;

不干胶:长765mm,宽535mm;

无碳纸:有正度和大度的规格,但有上纸、中纸、下纸之分,纸价不同(见纸价分类)。

(三) 纸张的常用开本尺寸(单位:mm)

正度纸张:787×1092;

全开:781×1086;

2开:530×760;

3开:362×781;

4开:390×543;

6开:362×390;

8开:271×390;

16开:195×271。

注:成品尺寸=纸张尺寸-修边尺寸。

大度纸张:850×1168;

全开:844×1162;

2开:581×844;

3 开：387×844；

4 开：422×581；

6 开：387×422；

8 开：290×422；

16 开：210×285；

32 开：203×140。

注：成品尺寸＝纸张尺寸－修边尺寸。

（四）书籍拼版页面顺序

如何拼版是比较常用的，下面以常用的一些版式进行介绍。

通常情况下比较常用的尺寸为大度 16 开，也就是成品尺寸为 210mm×285mm，设计人员设计制版师需要设置含出血的页面为 216mm×291mm。拼版后的尺寸为大度 4 开，尺寸为 432mm×582mm（含出血）。

四页：顺序是封面、封二、封三、封底。

尺寸：213mm×291mm（含出血）；

拼版尺寸：426mm×582mm（含出血）；

图 5-6 所示为四页拼版。

八页：顺序是封面、封二、1、2、3、4、封三、封底。

尺寸：213mm×291mm（含出血）；

拼版尺寸：426mm×582mm（含出血）；

装订方式：骑马订；

图 5-7 所示为骑马订八页拼版。

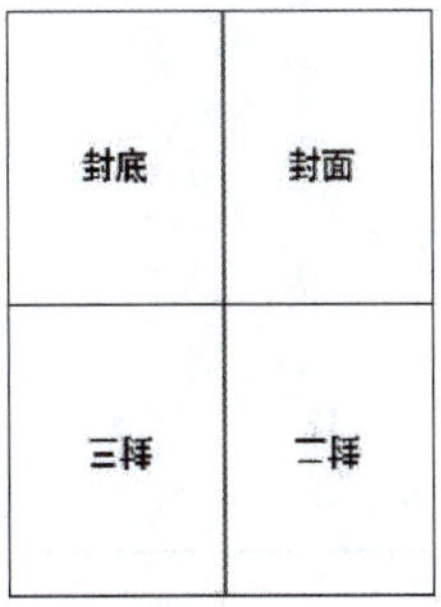

图 5-6　四页拼版

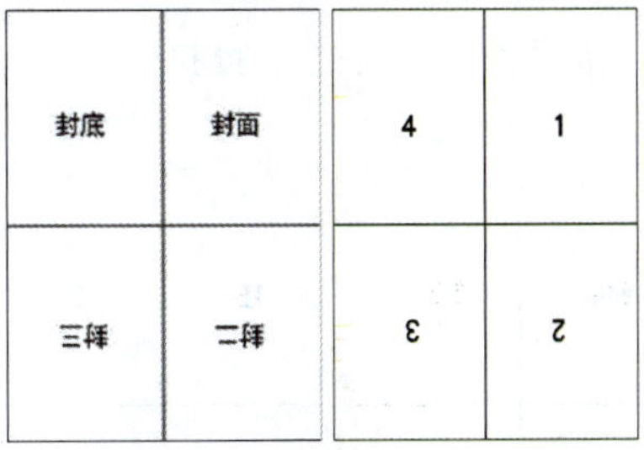

图 5-7　骑马订八页拼版

十二页：顺序是封面、封二、1～8、封三、封底。

尺寸：213mm×291mm（含出血）；

拼版尺寸：426mm×582mm（含出血）；

装订方式：骑马订；

图 5-8 所示为骑马订十二页拼版。

十六页：顺序是封面、封二、1～12、封三、封底。

尺寸：213mm×291mm（含出血）；

拼版尺寸：426mm×582mm（含出血）；

装订方式：骑马订；

图 5-9 所示为骑马订十六页拼版。

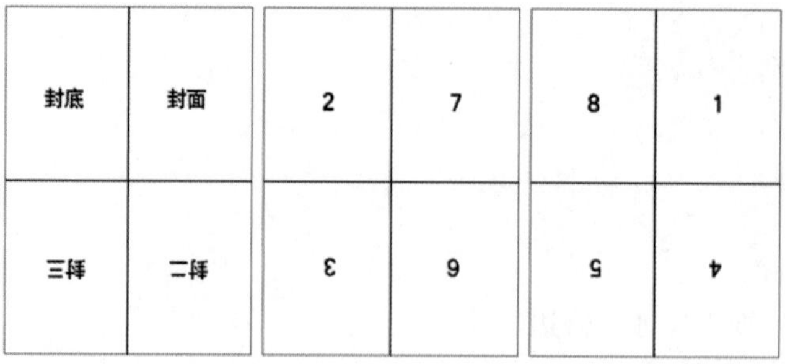

图 5-8 骑马订十二页拼版

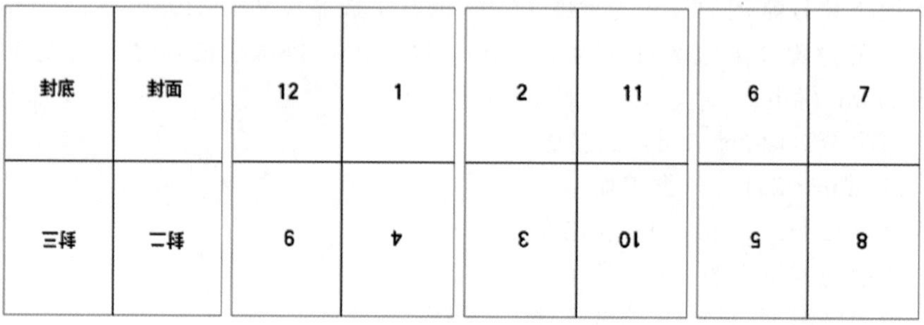

图 5-9 骑马订十六页拼版

二十页：顺序是封面、封二、1～16、封三、封底。

尺寸：213mm×291mm（含出血）；

拼版尺寸：426mm×582mm（含出血）；

装订方式：骑马订；

图 5-10 所示为骑马订二十页拼版。

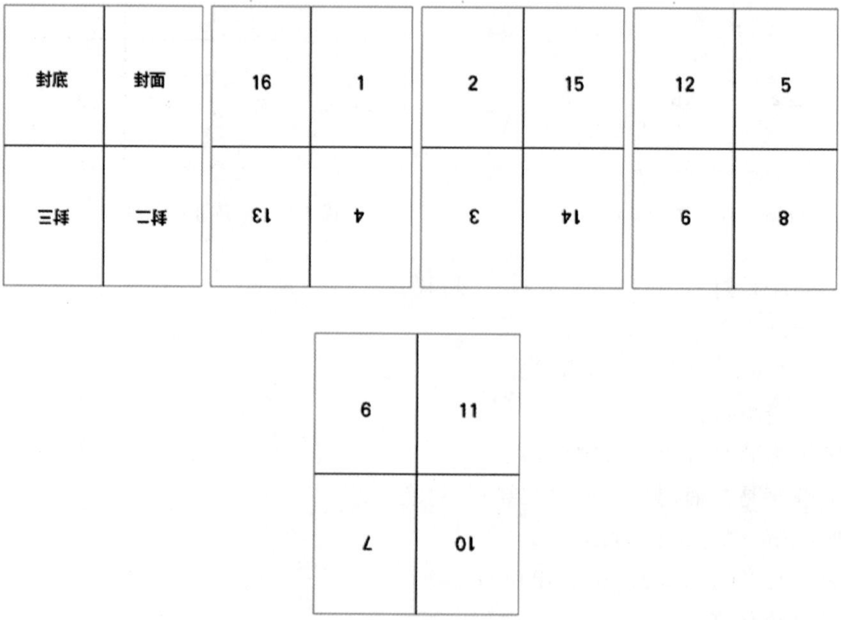

图 5-10 骑马订二十页拼版

二十四页：顺序是封面、封二、1～20、封三、封底。

尺寸：213mm×291mm（含出血）；

拼版尺寸：426mm×582mm（含出血）；

装订方式：骑马订；

图5-11所示为骑马订二十四页拼版。

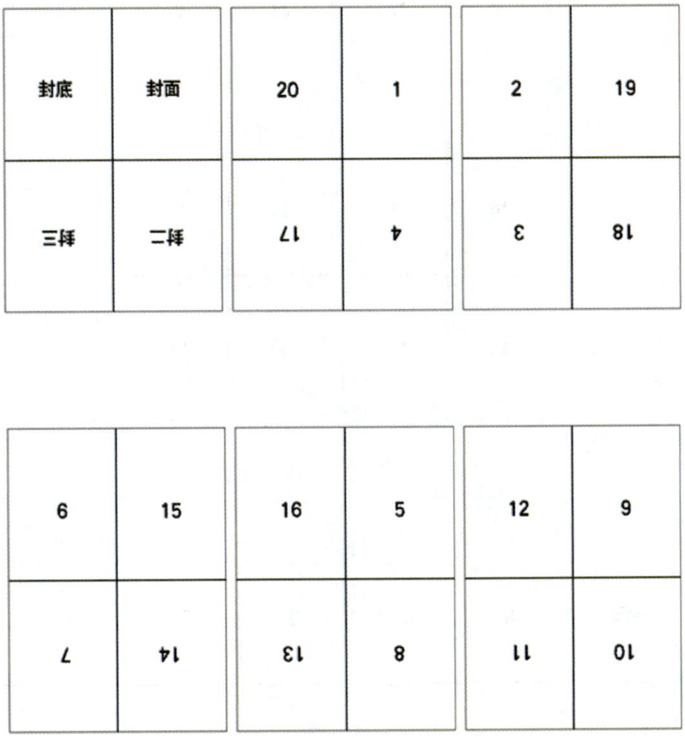

封底	封面	20	1	2	19
样三	样二	17	4	3	18

6	15	16	5	12	9
7	14	13	8	11	10

图5-11　骑马订二十四页拼版

二十八页：顺序是封面、封二、1～24、封三、封底。

尺寸：213mm×291mm（含出血）；

拼版尺寸：426mm×582mm（含出血）；

装订方式：骑马订；

图5-12所示为骑马订二十八页拼版。

三十二页：顺序是封面、封二、1～28、封三、封底。封面拼版相应加书脊。

内页拼版尺寸：426mm×582mm（含出血）；

装订方式：锁线胶订；

图5-13所示为骑马订三十二页拼版。

三十六页：顺序是封面、封二、1～32、封三、封底。封面拼版相应加书脊。

内页拼版尺寸：426mm×582mm（含出血）；

装订方式：锁线胶订；

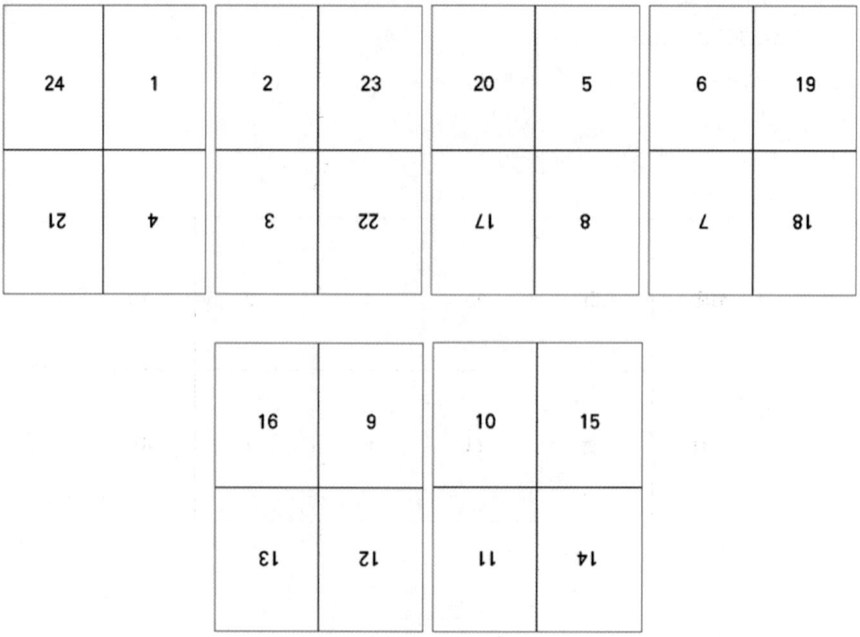

图 5-12 骑马订二十八页拼版

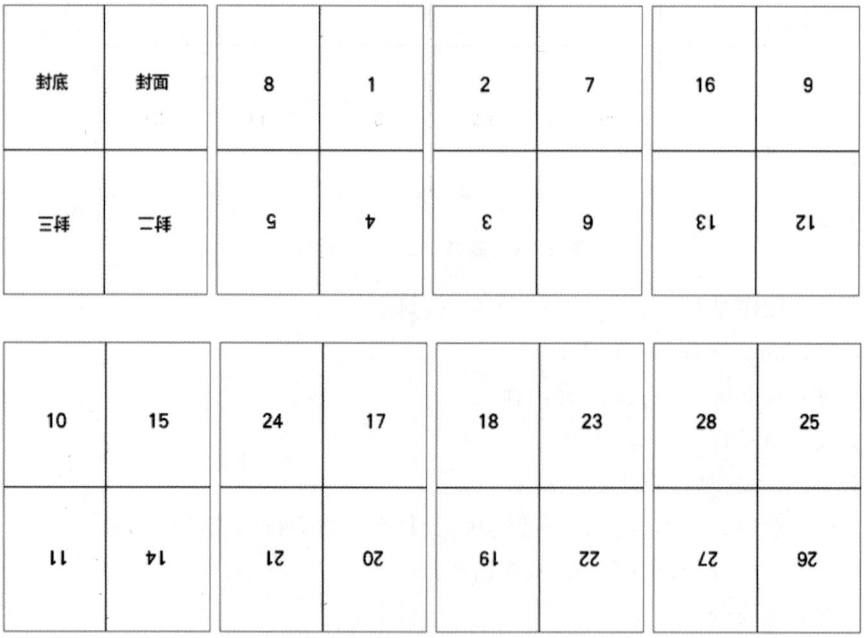

图 5-13 骑马订三十二页拼版

图 5-14 所示为骑马订三十六页拼版。

四十页：顺序是封面、封二、1~36、封三、封底。封面拼版相应加书脊。

内页拼版尺寸：426mm×582mm（含出血）；

装订方式：锁线胶订；

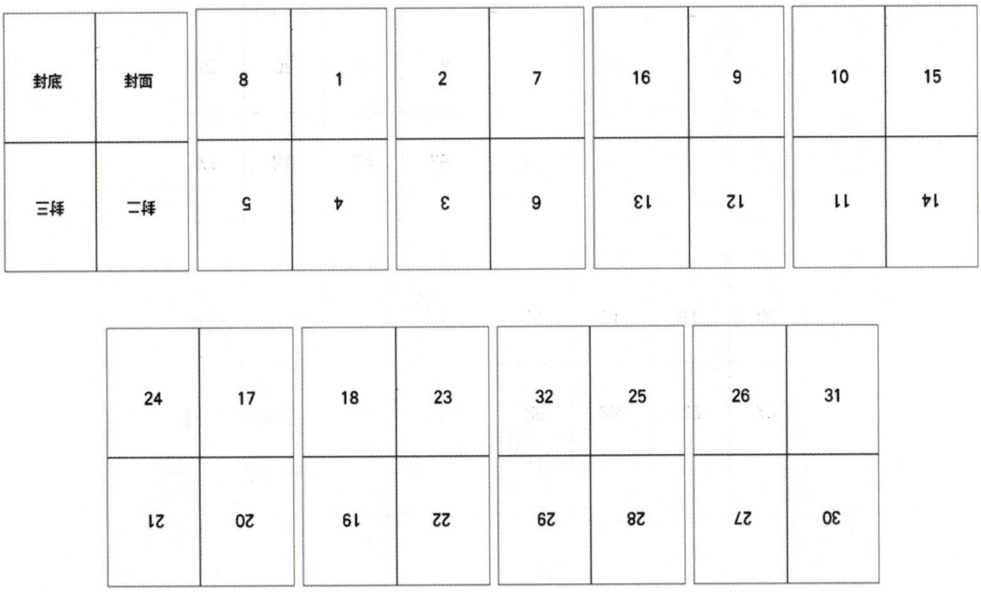

图 5-14　骑马订三十六页拼版

图 5-15 所示为骑马订四十页拼版。

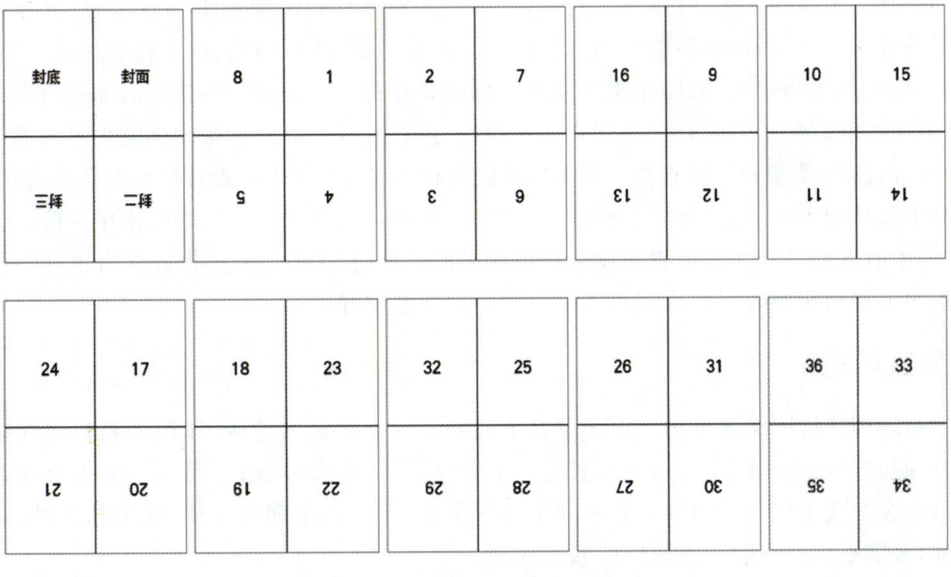

图 5-15　骑马订四十页拼版

四十页对开：四十页，顺序是封面、封二、1～36、封三、封底。封面拼版相应加书脊。

拼版尺寸：852mm×582mm；

四十页对开前 4 个折手为大翻，最后一个为小翻。正度 16 开除尺寸不同外，版面样式跟大度 16 开完全一样。

图 5-16 所示为骑马订四十页对开拼版。

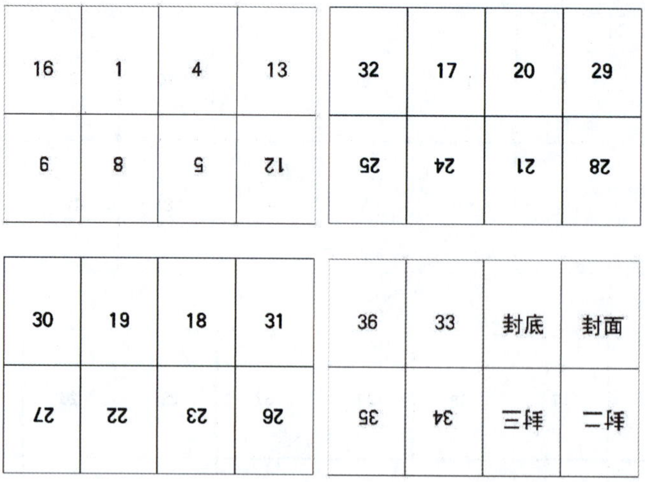

16	1	4	13	32	17	20	29
9	8	5	12	25	24	21	28

30	19	18	31	36	33	封底	封面
27	22	23	26	35	34	料三	料二

图 5-16　骑马订四十页对开拼版

第二节　书籍的印刷工艺选择

印刷是一个多种工艺、技术参与的过程,单从油墨转移到承载物上的技术看,就存在着多种多样的方法,这其中包括平版印刷、丝网印刷、凹版印刷、凸版印刷、铸字排版印刷、亚麻油毡浮雕版印刷、热压凸印刷、水墨印刷以及激光打印等方式。以上每一种印刷技术都有各自的特点,除了有制作成本的差别以外,它们在印刷速度、色彩表现力以及批量印刷能力等方面都有不同的特点和表现,需要设计师根据它们不同的能力和特点来达到不同设计效果以及不同的需求。

对于设计师来说,在进行图文设计的过程中,就应该先期考虑到后期印刷中一些工艺的应用,这样才能保证设计师所期望的设计作品效果能够通过印刷技术充分表现出来,同时,对印刷成本的控制和印刷时间的计划也需要设计师先期考虑好。

一、平版印刷

平版印刷是指图文部分与空白部分几乎同处于一个平面的印版,印版的材料多为多层金属板,印刷时印版上的图文先印到橡胶滚筒上,然后再转印到印物上。平版印刷是利用油和水不相溶的客观规律进行的印刷。它不同于凸版印刷,也不同于凹版印刷,除油墨之外,必须有水参加,水墨平衡是平版印刷研究的基本课题。

对于平版印刷的从业人员来说,在整个印刷过程中,需要解决印版、供水量、纸张、油墨以及印刷环境之间的矛盾,因此,工艺复杂,技术操作难度大。

平版印刷机种类较多,有单色、多色;单面、双面;单张、卷筒;2开、4开、8开等。有的平版印刷机还备有干燥及折页装置,无论哪一种印刷机,均由给纸机构、印刷机构、供墨机构、润湿机构、收纸机构五大部分组成。

平版印刷是一种适合大批量、高速作业的印刷方式,而且在批量印刷中,印刷品的质量不会由于持续高速地印刷作业强度而降低。单张给纸平版印刷机一般采用四色的印刷方式。卷筒给纸印刷机由于供纸装置速度更快,因而更加适合高速批量印刷作业的需要。

二、水墨印刷

水墨印刷是一种特殊的印刷技术,运用水墨印刷技术能够在承载物上表现出细致的色彩变化。水墨印刷所使用的油墨事先需要进行稀释溶解,这样做是为了保证色彩印刷的平整。由于稀释后的油墨进行淡色印刷要比普通专色的淡色色彩表现力更为出众,因此设计师往往利用经过稀释后的油墨进行水墨印刷,在纸张上面形成淡色底色以备随后四色印刷使用。

如果希望把稀释后的油墨当作四色中的一种颜色进行印制,它会在纸张上呈现出半调色彩的效果,总之,水墨印刷技术能够带给印刷细腻的色彩视觉效果。

三、丝网印刷

简单地说,丝网印刷就是用尼龙、涤纶或者金属丝编织的很细的纱网,在上面涂布一层感光胶,经与洋图片密合曝光、冲洗,将未曝光固化的地方冲洗掉,形成可以透过油墨的图文部分。然后将丝网覆盖在被印物上,用刮墨刀刮涂丝网上的油墨并透过图文部分印刷到被印物上。

丝网印刷同其他印刷一样需要准确地再现原稿的图文及色调。丝网印刷所采用的原稿原则上和其他印刷方法所用原稿没有很大差异,但在具体的制版、印刷实践中,其要求就有不同之处,这主要是由丝网印刷特性所决定的。特别是由于丝网印刷墨层厚实、色泽鲜艳,所以在选择原稿及制版时要充分考虑丝网印刷的特殊效果。

另外,丝网印刷所用原稿图文线条、网点精度要求也和普通印刷方法所用原稿要求有所不同。如果原稿的线条、网点十分精细,采用丝网印刷制版则是很困难的事情。所以用丝网印刷技术不适于再现精细线条、网点的原稿。在选择印刷方法时要充分地考虑各种印刷的特点,甚至在丝网印刷制版时也同样要注意选择合适的网线,以求达到充分再现原稿的目的。

丝网印刷比较适于表现文字及线条明快的单色成套色原稿,同样适于表现反差较大、层次清晰的彩色原稿。通过丝网印刷的特殊效果,使得复制品具有丰富的表现力,通过丰富厚实的墨层和色调的明暗对比,充分表达原稿内容的质感以及立体效果。丝网印刷照相制版原稿有反射原稿和透射原稿两种,通常主要使用反射原稿,彩色照相大多使用透射原稿。不同的制版方法对原稿要求也不尽相同。

丝网印刷与其他印刷方式相比主要区别有以下几个方面。

1. 印刷适应性强

平印、凸印、凹印三大印刷方法一般只能在平面的承印物上进行印刷。而丝网印刷不但可以在平面上印刷,也可以在曲面、球面及凹凸面的承印物上进行印刷。另一方面,丝网印刷不仅可以在硬物上印刷,还可以在软物上印刷,不受承印物的质地限制。

除此之外,丝网印刷除了直接印刷外,还可以根据需要采用间接印刷方法印刷,即先用丝网印刷在明胶版或硅胶版上,再转印到承印物上。因此可以说丝网印刷适应性很强,应用范围广泛。

2. 墨层厚实,立体感强,质感丰富

胶印和凸印的墨层厚度一般为 $5\mu m$,凹印为 $12\mu m$ 左右,柔性版(苯胺)印刷的墨层厚度为 $10\mu m$,而丝网印刷的墨层厚度远远超过了上述墨层的厚度,一般可达 $30\mu m$ 左右。专门印制电路板用的厚丝网印刷,墨层厚度可至 $1000\mu m$。用发泡油墨印制盲文点字,发泡后墨层厚度

可达 300μm。

丝网印刷墨层厚,印刷品质感丰富,立体感强,这是其他印刷方法不能相比的。丝网印刷不仅可以单色印刷,还可以进行套色和加网彩色印刷。

3. 耐光性强,色泽鲜艳

由于丝网印刷具有漏印的特点,所以它可以使用各种油墨及涂料,不仅可以使用浆料、黏结剂及各种颜料,也可以使用颗粒较粗的颜料。除此之外,丝网印刷油墨调配方法简便,例如,可把耐光颜料直接放入油墨中调配,这是丝网印刷的又一大特点。丝网印刷产品有着耐光性强的极大优势。

经实践表明,按使用黑墨在铜版纸上一次压印后测得的最大密度值范围进行比较,胶印为 1.4、凸印为 1.6、凹印为 1.8,而丝网印刷的最大密度值范围可达 2.0,因此丝网印刷产品的耐光性比其他种类的印刷产品的耐光性强,更适合于在室外做广告、标牌之用。

4. 印刷面积大

目前一般胶印、凸印等印刷方法所印刷的面积尺寸最大为全张尺寸,超过全张尺寸,就受到机械设备的限制。而丝网印刷可以进行大面积印刷,当今丝网印刷产品最大幅度可达3m×4m,甚至更大。

以上4点均是丝网印刷与其他印刷的区别,同时也是丝网印刷的特点及优势。了解了丝网印刷的特点,在选取印刷方法上,就可以扬长避短,突出丝网印刷的优势,以此达到更为理想的印刷效果。

四、凸版印刷

凸版印刷是印版上的图文部分处在同一个平面上,但高于其他空白部分。涂有油墨的油墨棍滚过印版表面,凸起的部分被油墨覆盖,然后印版与承印接触,因版图文附着油墨,偏于转印到承印物表面。

凸版印刷技术是第一种被商业出版广泛使用的印刷工艺,过去凸版印刷术只能利用活字印刷文字信息,但现在,图像雕刻版也开始出现在凸版印刷中。

五、铸字排版印刷

铸字排版印刷也可以称为铸排印刷或者活字印刷,是利用浇铸成为一块完整印刷版进行印刷。铸字排版印刷适合于低成本、大批量地印刷作品。

六、热压凸印刷

热压凸印刷是一系列协调有序的印刷和印后加工工艺的结合,最后图文能在纸面上形成凸起。

热压凸起过程相对比较复杂。首先需要使用黏度较高的油墨进行普通的平版印刷,在纸面油墨还未晾干的情况下,撒上一种细微的有色或者无色的粉末就会产生一定厚度的凸起,而且还会出现斑驳纹理,从而形成特殊的印刷效果。

七、亚麻油毡浮雕版印刷

亚麻油毡浮雕版印刷是一种适合手工操作的小批量凸版印刷工艺。具体来说,亚麻油毡浮雕版,就是附在一块木板上形成凸起的浮雕印版。在这块印版上施加一次油墨,然后将图案压印到承载物上完成一次印刷,而且每次印刷前都必须单独施加油墨。

八、组合印刷

组合印刷是指由各种类型的印刷和印后加工机组组成的流水生产线,组合印刷中可混合使用柔印、丝印、凸印、胶印等多种印刷工艺。常见的组合印刷机组通常都包括丝印、柔印、凸印和热烫印机组。目前,众多相关技术的发展,使组合印刷适应了现代印刷行业发展的需要,并给厂商带来了丰厚的经济效益。

组合印刷是印刷技术不断发展的产物。随着印刷市场的日益繁荣,现代人对印刷品的要求越来越苛刻,许多新的加工技术不断涌现。印刷厂商也在竭力寻求一种能在同一产品上获得多种工艺效果的印刷方法。因此,这种能在一次印刷过程中同时成多种印刷工艺的线式组合加工方式成为人们竞相选择的对象。

另一方面,各种印刷工艺都有其本身固有的优点和缺点,例如,胶印和凸印的图文清晰度好,印刷速度高,但遮盖力较差,且设备购置成本高;丝印可以堆积出厚实的油墨层,具有优异的遮盖力,且设备购置成本低,但印刷速度很慢;而柔印无论是遮盖力、印刷速度、清晰度还是购置成本都处于居中的位置。将这些印刷方式各自最佳的特性充分发挥出来,形成一条综合性的、完美的生产线便是组合印刷的目的和意义。

组合印刷需要强有力的物资支持,先进的印刷设备,高品质的承印材料和其他高性能的辅助材料,特别是 UV 固化油墨技术的大力发展,成为推动组合印刷工艺技术发展的重要因素。UV 固化油墨自 20 世纪 80 年代进入市场以来,已有了显著进展,在丝印行业起到了先导作用。与其他固化油墨方法相比,UV 固化油墨的长处不仅反映在加工的过程,而且在于印刷品的质量水平。

从加工方面来看,组合印刷的优点是 UV 油墨的固化过程非常稳定,整个过程只需从 UV 灯下过一下就完成了。这种工艺使得印刷、热烫印、模切和其他的印后加工工艺都可以放在一台机器上进行联机生产,这样在加工过程中可以用最小的工作量达到最高的生产效率。

此外,UV 油墨良好的黏结性能适合于各种各样的承印材料,其中包括过去难以对付的塑料薄膜,如 BOPP、PET、聚乙烯、聚苯乙烯及共挤复合膜等材料。UV 油墨优异的黏结性能明显地减少印前辅助性的工作时间,在印刷机上的调整工作量就很小,也无须加入其他的添加剂。

UV 层的表面具有极高的耐磨性和化学稳定性,这也是标牌产品之所以要采用组合印刷的主要原因。UV 油墨具有很高的遮盖力和光泽度,印品的清晰度也很高,能充分体现出最终用户对产品质量的需求。

小贴士

印 刷 术 语

(1) 鬼影:来历不明的印纹或暗影,多因旧型印刷机供墨不均引起。

(2) 打斗:底面印刷车有自动翻纸装置,咬纸口印面,反咬纸尾印底,一气呵成。

(3) 自反:指一种节约印版的印刷方法。让纸张先印完一面,干后把纸左右反转及底面反转,称为底面自反版,而纸尾当牙口底面反转,称为牙口反版尾。是印版不变,再印纸张背面的工艺。

(4) 飞墨:印刷机转速快而墨身稠度不够,离心力使墨液飞溅。

(5) 墨线：在印版上画一条规线，使刚好印在纸张规位，可一目了然监控针位。

(6) 浮污：印版亲水不力，起薄薄的油污，问题多在水斗水的酸碱度不对。

(7) 起炮：炮，滚筒俗称。橡皮滚筒离开压印滚筒的动作。

(8) 夹炮：太多纸张夹在压印滚筒和橡皮滚筒间，安全感应使印刷机停止转动。

(9) 哪渣：不应印到纸张上的墨污，问题也出在水墨平衡。

(10) 打掣：印刷机停止转动，原因多为进纸不顺或双张进纸触发安全装置。

(11) 针位：印张的挡规边位。因为纸张有长短，印刷套色及裁切需有针位对齐。

(12) 连晒：节约菲林的连续晒版工艺。用套准十字移动曝光。

(13) 过底：印刷事故的术语。指墨层太厚实来不及干燥，污染了压在上面的纸张背面。

(14) 石数：石印时代对印刷数量的称谓。纸张压印一次色称一石。

(15) 打稿：通过打样机预先印刷一个正式印刷时的样稿。

(16) 飞达：印刷机送纸的传送装置。

第三节　书籍装帧后期工艺设计

当印刷油墨转移到承载物上之后，紧接着就会开始进行后期加工。印刷后期加工是整个印刷中最后一道工序，它包括各式各样的工艺技术，如膜切、起凸、亚凹、烫箔和上光油等，对这些工艺的正确应用可以带给设计作品更强的表现力，能够提升整个设计的创意价值。

一、上光油

上光油是在印刷品的表面涂布一层无色透明涂料的后加工工艺，这样可以使印刷品表面形成一层光亮的保护膜以增加印刷品的耐磨性，还可以防止印刷品受到污染。同时上光油工艺能够提高印刷品表面的光泽度和色彩的纯度，提升整个印刷品的视觉效果，是设计师较为常用的一种后期加工工艺。

一般来说，上光油工艺包括光泽型上光、亚光上光、特殊涂料上光3种，从严格意义上来说UV并不属于上光油工艺的范畴，但它却也能形成光亮图层。目前，在一幅画面上可以进行局部上光油，从而产生特殊的工艺效果，图5-17所示的书籍中字母部分为局部上光油。

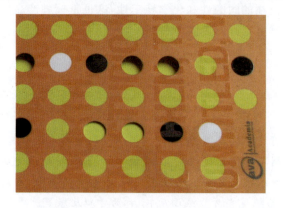

图5-17　字母部分局部上光油的书籍

二、模切

为了在设计作品中表现丰富的结构层次和趣味性的视觉体验,设计师往往利用模切工艺对印刷品进行后期加工,通过模切刀切割出所需要的不规则任意的图形,使设计品更有创意。

三、折叠

纸张的折叠是赋予设计印刷品使用功能的一种方式。不同的折叠方法可以让印刷品具备不同的阅读方式,而且也是设计师进行创意发挥的一个必不可少的重要切入点。

四、起凸和压凹

设计图形轮廓可以通过一种特殊的后加工工艺在平面印刷物上形成三维立体的凸起或者凹陷效果,这种加工工艺即是起凸工艺和压凹工艺。由于起凸和压凹加工造成了纸张纸面的浮雕效果,因而能够强化平面印刷物中某一个设计元素,增强整个设计的视觉感染力。一般来说,起凸和压凹适合在厚纸上加工,因为厚纸比薄纸更能保证最后浮雕效果的强度和耐磨性,图 5-18 所示为书籍起凸和压凹的效果。

五、烫箔

烫箔习惯上又叫"烫金"或者是"过电化铝",以金属箔或颜料箔通过热压转印到印刷品或其他物品表面上,以增进装饰效果,图 5-19 所示书籍,"5"字部分使用了烫箔工艺。

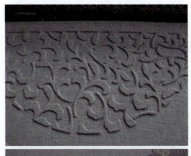

图 5-18 书籍起凸和压凹的效果

图 5-19 采用了烫箔工艺的书籍

六、毛边

纸张边缘会在造纸的过程中产生粗糙的毛边,一般来说,机器造纸会有两个毛边,而手工造纸会有 4 个毛边,纸张毛边的发生是造纸的正常现象,毛边往往在后期加工中被裁掉,但是设计师可以有意识地利用这种毛边效果进行设计创作,带给设计品耳目一新的感觉。另外,通过手撕纸也可以产生毛边,这种方法非常简单且容易操作。图 5-20 所示为书籍采用了毛边的效果。

七、切口

切口装饰是一种特殊的书籍切口装帧技术,它利用书籍书口的厚度作为印刷平面进行印制。最早人们通过镀金镀银的方法在书口进行绘饰,以保护书籍的页边。而现在主要利用切口装饰来增添书籍设计的装饰效果,图 5-21 所示的书籍采用了切口装饰。

图 5-20　采用了毛边工艺的书籍

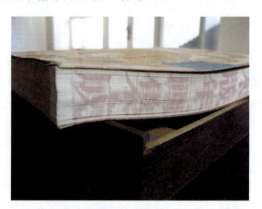
图 5-21　采用了切口工艺的书籍

八、打孔

打孔是利用机器在纸面上冲压出一排微小的孔洞,这样纸面一部分可以通过手撕方法与其他部分进行分离,因而这样的方法又称"撕米线"。

九、覆膜

塑料薄膜涂上黏合剂后,与以纸为承印物的印制品,经橡皮滚筒和加热滚筒加压后黏合在一起,形成纸塑合一的产品的工艺明覆膜。

 小贴士

印刷工艺常用术语

(1)露白/漏白:印刷用纸多为白色,印刷或制版时,该连接的色不密合,露出白纸底色。

(2)爆肥:菲林银粒感多了光也会扩大地盘。手工套版更在感光片加隔透明厚胶片中曝光加肥。

(3)补漏白:分色制版时有意使颜色交接位扩张爆肥,减少套印不准的影响。

(4)实地:指没有网点的色块面积,通常指满版。

(5)反白:文字或线条用阴纹印刷,露出的是纸白。

(6)撞网:调幅网分色工艺,网点角度分配出错,或每一网角距离小于25°,龟纹就开始明显。

(7)狗牙:图片像素不足,放大后边沿就出现狗牙状。

(8) 齐头：版面排位的指令，以字首作基准线。延伸到拼版、装订，指以版头位为基准。

(9) 散尾：文字排版的一种。只求字距统一，不求行末文字齐整。

(10) 蒙片：手工分色时的遮掩片，可用菲林晒制或红胶片割制，可作退地或修色。

第四节　书籍装订形式设计

书籍与期刊均要装订成册。书籍的装订分精装与平装；期刊时效性强，不能因复杂的装订而占用过多的时间，因而大都采用比较简便迅速的装订方法。装订方法有订缝连接和非订缝连接两种。订缝连接是用纤维或金属丝将书连接在一起，主要有骑马订、铁丝平订、缝纫机线订、三眼线订、锁线订等。

一、骑马订

骑马订是书刊平装形式之一。因订本时把书帖和封面套叠后跨骑在订书架上加订而得名，多用于装订期刊、杂志、画册、商品样本、练习簿等印刷物。有搭页、订书、切书等工序，采用机械加工，如半自动骑马订书机、配、订、切联动机（也称三联机）。

20世纪60年代后有效率较高的骑马订联动线。骑马订装工艺流程短、出书快、成本低、书页能摊平、阅读方便，但铁丝钉易锈蚀。骑马订为国内外常用的装订方法之一，图5-22所示为骑马订效果。

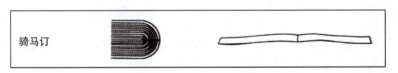

图5-22　骑马订效果

二、铁丝平订

常用于不宜采用骑马订的较厚的、质量要求不太高的书列。是以2个或3个铁丝铜子在折好的内文页订口边穿订的装订方法。它的优点是书脊美观、成本低、效率高；缺点是订脚紧，书本厚时翻阅较困难，受潮后铁丝易产生黄斑锈并能渗透到封面上，造成书页的破损或脱落。这种装订方法要占用部分订口空白，因此，在版面设计时每行要比骑马订少排1～2个字。不考虑装订方法就难以做出好的版面设计。

三、缝纫机线订

缝纫机线订是用缝纫机缝一道线订起来，比较牢固。缺点是封面要另行粘上去，而且书刊订后不容易平整摊开，只适宜装订100页以内的书刊。

四、三眼线订

三眼线订也是平订，是在折好的书芯订口处，先扎透3个孔眼，再用线穿订。封面也要另行粘上。由于多了一道扎孔眼的工序，装订速度要受到影响。

五、锁线订

锁线订又称串线订。与骑马订所不同之处是,全书的成形是每一帖按页次,依序挨在一起并排排列,从第一页配到最后一页。将已经配好的书瞄,以缝线机器将它们连续数本缝在一起,再压紧,隔一段时间后,至其平整,再每本分开,以刀切断缝线。为了增加锁线订的连接牢度,在订过的书脊处再粘上一层纱布,然后压平捆紧,刷胶粘卡片,干燥后割成单本,包粘上封面,然后进行裁修,成为一本书籍。

比较讲究的书有时会在包上封面之时,在书前与书后各增加4页的蝴蝶页,一方面可使书籍内页和封面相连得更牢固;另一方面使之更美观。由于印刷及折好的每一帖页子不像骑马订一样堆叠起来,因此不是全书第一页与最后一页相邻,而是与同一帖的最后一页相邻。比如,16开的书籍,对开印制,第一页与第十六页相邻,第十七页与第三十二页相邻,余类推之。穿线的书籍也不像骑马订的书会发生中间页左右尺寸比外页小的问题。

锁线订与骑马订一样都不占订口,书芯摊得开、放得平,阅读时易翻阅。但锁线订比骑马订牢固,是质量较高的订书方法,常用于精装书的书芯加工,图5-23所示为锁线订效果。

图 5-23　锁线订效果

六、胶粘装订

不用铁丝或缝线而用胶黏合书芯的装订方法称为胶粘装订,也称无线胶订。胶粘装订具有阅读方便、不占订口、成本低等优点。

另外,在传统书籍装帧装订形式基础上,随着科技的发展和人们审美能力的提高,越来越多的装订形式出现在精品装帧设计领域。如活页订,即在书的订口处打孔,再用弹簧金属圈或螺纹圈等穿锁扣的一种订合形式。单页之间不相粘连,适用于需要经常抽出来、补充进去或更换使用的出版物。常用于VI手册、产品样本、目录等。图5-24所示为活页订的书籍。

图 5-24　活页订的书籍

小贴士

装订术语

（1）出血：印刷装订工艺要求页面的地色或图片须跨出裁切线3mm，称为出血。
（2）飞边：飞，裁切、去掉之意。飞边指切除出血边位。
（3）切斜：变形，裁切歪了，直角书变棱角书，多由纸闸压力不均或纸栅不正所致。
（4）正版：书版首码所在版面叫正版，次码所在版面称反版，正反版称一组、一帖或一框。
（5）纸闸：切纸的机器。
（6）风琴折：折书贴的一种方法。书折拉开如屏风。
（7）毛书：指锁好线而未上封面裁切的坯书。
（8）笃头布：精装书脊上下各一段连接皮壳的布条。起牢固美观的作用。

本章小结

书籍设计是一个综合性的整体，印前的策划与对纸张、印刷工艺的熟悉程度必定直接影响着最后成品的优劣。书籍在这里就呈现出十分科学化的一面，要求设计者必须首先具备良好的理性思维，才会使整本或整套书籍在其运筹帷幄之中展开，而且保证其创造性能够得以实现。

在本章中重点从书籍承载物设计、书籍的印刷工艺选择、书籍装帧后期工艺设计和书籍装订形式设计这4个方面做了详细的介绍，印刷工艺从纸张选择、开本方式、印刷机的工作流程、印刷油墨的特性和最后的装订方式均需精心策划，才能最终保证书籍不仅可供阅读，并且可以保证运输、储藏和销售过程中的完整性。

思考题

1. 印刷的装订形式有几种？
2. 简述印刷方式的种类和适用范围。

实训课堂

1. 去纸张供应商店了解并对比纸张种类、特点、开本、克数等。
2. 去印刷厂实地参观书籍印刷流程与印刷后期工艺效果的制作。

第六章

书籍设计流程

1. 介绍书籍设计的整体设计流程；
2. 了解书籍装帧设计作业的构思与制作的过程；
3. 拓宽思路，把创意变成现实。

核心概念

书籍设计流程、书籍整体设计、构思与创意、创意与表达

 引导案例

《AINA百纳设计工作室手册》是一个尝试突破的案例，试验性较强，但可以看出设计者积极活跃的创作冲动。下面是对该案例的介绍。

该创意的创作思维是依据现代设计思想中的"构成主义"与"风格派"，同时参照部分"简约主义"的形式创意完成的。作品以"结构"为导向，采用鲜明的、简单的色彩，运用了"风格派"中的非对称而平衡的形式来表现。

《AINA百纳设计工作室手册》是以概念的设计思维形态创作的宣传手册，整体采用"三角形"为主体元素，因为设计者喜欢它的稳定性与不稳定性，于是封面整体内容以三角形、半圆形、长方形、线条、正圆为基础来整合点、线、面等元素，如图6-1和图6-2所示。

其组合规律依据几何形态形成一种有规则的组合（包括异形），与传统书籍装帧的概念相比较，显得十分自由活泼，从而达到视觉的收拢与延续，如图6-3和图6-4所示。

图 6-1 《AINA 百纳设计工作室手册》图

图 6-2 《AINA 百纳设计工作室手册》封面

图 6-3 设计感独特的手册

图 6-4 手册展开页

本章导读

书籍的形态设计

若将书籍作为信息、文化传播的载体,一本书稿经编辑加工后还不能称之为书,因它的特性尚未发挥,即没有物的存在,它只是放在编辑案头的书的毛坯。只有通过设计师的脑和手以及印刷工艺制作才能成为一本立体的书,进而才会发挥其传播信息的功能。

可以说,让书从毛坯的静态中动起来,成为一种形态,只有设计师能够做到。在整个书籍生产过程中,设计师既是信息(书籍的内涵)传播的支持者,同时又是使书的毛坯成为一种形态的促进者。

第一节 书籍设计流程简介

一本书从策划、查找资料、编写到设计、制作、完稿,需要经历一系列的过程,这个过程中涉及的每一个环节都会直接影响到书籍的方方面面,所以,一本书的完成,是凝结着多方面通力合作和多个人的努力共同创造出来的,如图 6-5 所示。

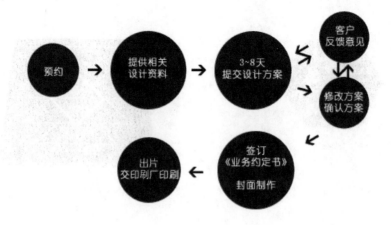

图 6-5 书籍的设计流程

一、一本立体的书

纸张的连续叠合,可以呈现出不同厚度的立体物,日本著名设计家杉浦康平先生说:"纸拿在手上,把它对折再对折,于是纸被赋予了生气,纸得到了'生命',马上变成了有存在感的立体物质。"他还说:"书可以诱导读者的触觉、嗅觉、听觉、味觉以及最重要的视觉5种感觉的增强。"设计者应将这5种感觉的启发运用于书籍设计中,同时加上重量的因素。

设计者应该将以上5种感觉与重量的因素合成,把各种设计元素综合在创意之中。

1. 触觉的把握

纸张内在的肌理和表层表达了丰富的质感。将眼睛闭上抚摸纸面,手会有丰富的感觉,纸张会倾诉它内在的"生命"。

2. 嗅觉的把握

翻开一本书,纸的味道、油墨的味道会淡淡散发出来。

3. 听觉的把握

柔韧或坚挺的纸张所发出的声响使书籍产生时间、空间的多次元的变化。

4. 味觉的把握

植物纤维的纸张会有大自然的清新。

5. 视觉的把握

书籍是用眼睛看的,从封面至内文的视觉节奏使书籍衍化出另一种特质。

6. 重量的把握

书籍的重量使书籍有更大的质量感。

在书籍设计的过程中,设计师针对无形或有形的设计元素,都要采用立体的视角去精妙构思。对护封、封面、前后环衬、扉页、目录、内文等横向流动的信息空间的配置和每个设计空间对应的设计量均要细心考虑。

另外,对书籍内容所对应的材质及针对该材质的印刷技术、装订形式等也要严加把握,这才是设计一本立体的书所应该采取的设计态度,具备生命力的"立体的"书页设计如图6-6所示、具备生命力的"立体的"书脊设计如图6-7所示。

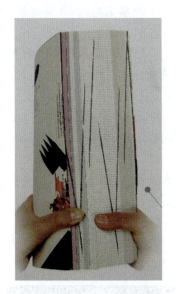 

图 6-6 具备生命力的"立体的"书(书页) 杉浦康平　　图 6-7 具备生命力的"立体的"书(书脊) 杉浦康平

 小贴士

杉浦康平简介

杉浦康平：日本平面设计大师、书籍设计家、教育家、神户艺术工科大学教授。亚洲图像研究学者第一人，并多次策划有关亚洲文化的展览会、音乐会和书籍设计，以其独特的方法论将意识领域世界形象化，对新一代创作者影响甚大。被誉为日本设计界的"巨人"，是国际设计界公认的信息设计建筑师。

杉浦康平在每一阶段的创造性思维和理性思考均具有革命性的意义，引领着时代的设计语言，他"悠游于混沌与秩序之间"，在东西方文化交互中寻觅东方文化的精华并面向世界发扬光大。他是日本战后设计的核心人物之一，是现代书籍实验的创始人，艺术设计领域的先行者。

他提出的编辑设计理念改变了出版媒体的传播方式，揭示了书籍设计的本质。他的名言"一本书不是停滞某一凝固时间的静止生命，而应该是构造和指引周围环境有生气的元素"。让书籍设计者和爱书人都一生回味。他独创的视觉信息图表提出崭新的传媒概念，更为今天的数码载体信息传播做了重要铺垫。他的"自我增值""微尘与噪声""流动、渗透、循环的视线流""书之脸相"等设计理念和"宇宙万物照应剧场""汉字的天圆地方说"等理论构成了杉浦设计学说和方法论，这也就是杉浦康平的设计世界。

二、与作者、编辑交流

在开始设计之前，设计师一般会接到一个设计通知单，上面有书名(丛书名)、著作者姓名、简要内容介绍(责任编辑撰写)、开本、内文字数、设计形式(精装或平装)。仅从这张设计通知单上，设计师得到的信息很少，尤其是缺少强烈的刺激信号，很难有创意。这时设计师必须见责任编辑，还可见作者本人，和他们展开全方位的交谈。

责任编辑最了解这本书,从策划到请作者撰写,往往花费了大量的时间,并且在编辑加工这本书时已通读数遍。条件允许的话,和作者见面更好,因为这本书就是作者的孩子,从孕育、写出提纲到完成写作的整个过程中,他无时不为写作的内容而激动,他最有权利去解释、肯定这本书稿。交谈中,设计师可以从多个侧面和编辑、作者互通对这本书稿的看法,但设计师一定要多听。交谈中有以下几点需要牢记。

(一)书名的来源

书名其实就是本书信息的核心。因为书名是浓缩书稿内容的中心符号,也是书稿定位的标准。"文章开头难",从书稿浩如烟海的内容中提炼出几个字作为这部书的名字更难。

在围绕如何定书名的问题的交流中,作者、编辑肯定会将书名的前因后果、大的背景、内容的展开和写作、编辑过程中的灵感都讲出来。这时,大量的信息扑面而来,这种信息的混乱状态也正是视觉形象主体浮现脑中的开始。交谈过程中,设计师的心已经在动了。

书名在封面设计中的作用最重要,应作为第一个元素来考虑,用色和构图都应服从书名,用色服从书名的书籍设计如图6-8所示,构图服从书名的书籍设计如图6-9所示。

图6-8 用色服从书名的书籍设计

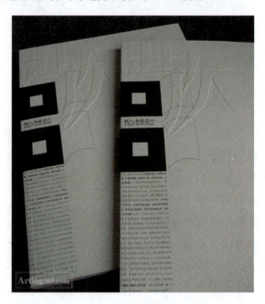

图6-9 构图服从书名的书籍设计

(二)信息要点

与责任编辑交谈,信息量很大、很广、很杂,如何在繁杂的信息中捕捉到可以开拓视觉思维的信息点是至关重要的。在和责任编辑、作者的交流中,有很多的信息会引起设计师的注意,这时就要反复去询问,记下来以备参考。

(三)作者的气质

从某种程度上,作者的气质代表了作品的气质。作者是激越的、儒雅的、抒情的或是沉稳的,均会深刻影响作品的行文与对事件的阐述风格,正所谓文如其人。

(四)书稿的内容

书稿内容包罗万象,有哲学的、经济的、政治的、社会的、科学的、艺术的、农业的、生态的等。责任编辑和作者在讲述这部书稿时,是以言简意赅的语言去叙述,设计师是一个听者,相当于是在快速阅读这部书稿。重要的论点、章节是哪些?要反映什么?书稿的内容归类于哪个学科？这个学科的性质如何？设计师都会从他们的叙述中很通透地了解这些问题。

（五）书稿的特色

在与编辑和作者的交流中,设计师要反复询问书的核心部分是什么、是什么年代、以什么为背景、作者想要表达什么、在同类书稿中这本书的最大特色是什么。设计师必须缩小搜索范围,确定几个乃至到最后只留下一个关键词语作为视觉表现的突破点。一个好的设计师在和责任编辑、作者交流过程中,脑子里已经有了多个草图,但这些草图是朦胧的。

（六）阅读书稿

有条件的话,设计师还要阅读书稿,尤其是要为这本书稿做整体设计的时候。交流是动态的,有较强的感染力。但设计师不能只凭感情去一挥而就,这样的设计不会达到隽永的艺术效果。

好的设计应该有较长的全方位探讨书稿的时间,阅读书稿能使设计师冷静下来领略内容的魅力。这时要抓住几个关键的点：第一,要完全抛开责任编辑和作者的观念、判断、评述和意义,设计师要直入书稿和它对话,阅读中要找出自己对书稿价值的判断；第二,阅读书稿时,设计师要找到最刺激的语言符号,这种符号可能就是日后创作图形的出发点；第三,设计师要发挥视觉创造者的特长,在通读中找到大的背景,幻化、想象出一个视觉空间,为设计奠定一个大的基调。

在交谈、阅读书稿的过程中,会有很多信息冲击设计师的头脑,很可能在这两种交流场景中,设计师脑子里已闪现了数个具有代表性的图形、色调、画面结构,有些甚至很具体了。但这时还不能草率地进行设计,此时设计师要静静地想一想,梳理出几个大的方向。这里所指的方向是图形、色调方面的。设计师要再往里探寻,或许会发现刚才脑子里的几个具体方案还不是最好的,还要经过深思熟虑得出自己对书稿最具特色的看法——一个设计师的看法,而不是责任编辑或作者的看法。

设计师通过交流掌握信息的广度,通过阅读加深对信息理解的深度,然后设计师的独特追求才会产生。设计师此时才能知道如何重新编织信息,如何让信息通过编排顺畅无阻地传递出去。

在与作者、责任编辑的交流中,优秀的设计师会有以下体悟：对主体形象(封面)已有朦胧的感觉,对色调已有想法,素材的收集已有一定的范围(知道图形、概念素材到哪里找),对书籍整体设计中量的分配(轻重缓急和次序)心中有数,初步确定、消化、理解、提升责任编辑的想法和表现手段。

总之,充分和客户交流可以拓展设计师创意思维的广度与深度,使设计师在控制生产成本的同时找到双方都可以理解的创意支点。有了这个支点,设计师可以运用丰富的想象和自由的表现手法去完成属于自己的作品。

在实际操作过程中,设计师从来不会遇上不被限制的设计对象,这些限制来自出版社、编辑或者作者等,设计师要多跟他们进行沟通。沟通没有坏处,只会使设计的作品更顺利地被通过、采用。在沟通的过程中,灵感的火花会随时出现。

三、收集素材

（一）素材的内容

开始设计时,素材的收集很重要。素材的内容包括：设计师在日常生活中积累的形象记忆以及各类图形素材。

1. 形象记忆

设计师感知被设计的书稿，与客户交谈并阅读书稿后会产生和画家一样的冲动，素材就是产生冲动的动因。当你听到、读到一部书稿时，你会在不知不觉中牵引出诸多的思绪，感觉混沌一片，你想用脑子里无数个图形表现多种创意，想用多种手法去表达你的理解。

这种混沌一片的视觉追忆，有的没有形状，有的仅有图形的一个局部，有的图形交叉扭曲，有的仅是一种图形的感觉。这时你不要慌张，要尽量去挖掘这种记忆，因为它是设计最雄浑的基础，是你书架上收集的各类素材背后的支撑点。生活中所积累的形象是一个有用的存储库房，不时和其他素材一起并用会产生优秀的综合图形、奇特的空间、优美的色调。

2. 图形素材

各类丰富的图形素材是设计师顺利工作的有力支持。图形素材的收集需要长期的积累，平时可以分成几大类进行有意识的收集。现代素材光盘有很多种类，可以方便使用，但是这对于设计师来说是远远不够的。作为一个有心的设计师，要时刻瞪大眼睛，时刻留心收集身边的各种图形素材，尤其是收集具有创造性的图形。

图形素材的来源是无比丰富的，设计师要建立符合自己设计习惯的、内容庞杂的素材库，包括人文类、科学类、艺术类、体育类、传统类、风光类、肌理类、图形符号类等。

总之，素材的积累可以为设计师带来很多益处：一是翻阅时可以增加视觉经历，间接地增加设计师的阅历；二是巧妙使用各种素材可以产生不常见到的图形构成；三是使设计出更好的作品成为可能。

（二）收集素材的过程

开始设计一本书时，收集相关的素材是第一步。相关素材收集越多，这本书设计的支撑点就越多。设计师怎样获取相关素材？

第一要责任编辑、作者提供；第二要自己跑图书馆；第三要到自己的书架上找；第四要向自己内心索取。素材来源是多层面的，"相关"只是一个范围，可能涉及的范围很大，可用的图形却很少。但这个收集的过程是必要的，因为在寻找的过程中，经过对多种素材的筛选和组织，设计师脑子里的创意活动已经在进行了。

收集素材的过程很长，设计师要翻看、查找很多资料，很费时间，还要用大脑拼命思考和回忆。但当设计师偶然发现一个极具参考价值和使用价值的素材对应正在思考设计的书，而且符合创意所要使用的中心图形时，心情的喜悦是不言而喻的。所以收集素材的过程虽然漫长、艰苦，但非常值得。收集素材的过程，肯定是设计师思索的过程，设计师要找到一个完美的图形来表现这本书的内核。可以说，收集相关素材的过程是实现设计的重要一步，是使混沌思维走向明晰表达很关键的一步。

如果说在与客户的交谈中设计师已经在思考，那么设计师在收集相关素材时已经在行动了。

四、勾画草图

设计师的职业是理性和热情交织的职业。他们的理性是分阶段的，优秀的设计师和优秀的画家一样，均是靠视觉形象来表达对自然物质世界的看法。画家用图形和色彩编织视觉符号，符号下面隐含着画家的热情；设计师也用形和色编排画面，但同时包括相关的文字，因为设计师编排的视觉空间要注意商品信息的传达。但在根本上，画家和设计师都是以图形、色彩作为表现手段。

勾画草图时，设计师的脑子在激烈地思考，在黑白图形的线、点出现时，设计师已经在设想色彩的结构，整合着图形、色彩之间的关系和两者之间量的分配。勾画草图不是灵感显现的唯一途径，这一阶段设计思维的基础是充分收集了素材、信息后而产生的创作激情，设计师在快速勾画中找出一种设计感觉和状态，对素材中的图形在快速勾画中找到更大的变形、夸张的可能，确定各图形之间错位结合的美感是否能够成立。

勾画中寻找图形和文字之间各种搭配形式和大小比例是否合适，找到传达信息的形式结构，《梅兰芳》书籍设计图如图 6-10～图 6-12 所示。

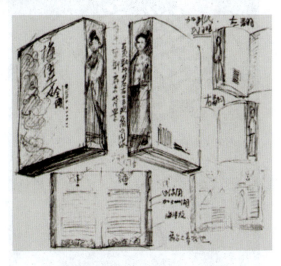

图 6-10 《梅兰芳》书籍设计草图

图 6-11 《梅兰芳》书籍成稿内页

图 6-12 《梅兰芳》书籍成稿

五、计算机辅助设计

从多个草图中筛选出几个设计草案后，下一步将进入计算机实际制作阶段。在勾画草图的过程中，设计师对选中方案的造型、色彩、画面结构等要素有了基本的认识。此时计算机的具体制作不仅仅是一个完成创意的过程，更可以说是一种进一步完善和丰富设计的方式。

计算机是一种工具，不能代替人脑，但计算机程序能迅速实现创意。制作出不可能用手画出的图形组合，奇妙的色彩混合、无穷的色彩搭配是计算机的巨大优势。还有一点很重要，在计算机制作过程中，可以完成设计师未能想到的图形、色彩、文字瞬间奇妙的结合，如图 6-13 所示。

(a)

(b)

图 6-13 图形、色彩、文字巧妙结合的书籍装帧

这种瞬间中的构成，可能是设计师在勾画草图阶段未能想到的，但心中有这种朦胧追求，在计算机操作时偶然做到了。是否使用这种瞬间的组合形式，是需要设计师迅速去判断的，这种

判断需要设计师具备全方位的综合素质。

要使用计算机制作,设计师必须对设计软件有基本认识,所谓"工欲善其事,必先利其器",只有了解设计软件的性能特点才能掌握其使用规律,计算机才能辅助完成设计师的创意表达。

六、确定设计方案

一般客户会要求设计师拿出2～3个设计方案。过去手绘草案很难画得逼真,现在有了计算机做帮手,逼真的视觉效果(计算机喷绘打印稿)可轻易看到。每个草案体现了设计师对书稿不同角度的思考,使用素材的角度不一样,草案会产生不同的艺术效果。虽然不同的草案视觉效果都有独特之处,但只能从中选中一个正式采用。没被采用的方案不妨放在盒子里,留待以后去参考,同时也可以作为设计师的设计档案。

审查设计草案时,往往编辑、编辑室主任、出版社主管和书籍设计总编与设计师的意见是不一样的,他们往往以文字的概念去看待视觉的设计。他们要求设计草案包括的内容要广泛、一目了然,又要含而不露,要有图解的方式等。总之,设计师和责任编辑的争辩总是会发生的,有时还很激烈,因为两者存在两种不同的认知角度。

设计师要用图形、色彩打动人,所以这时设计师必须以设计传道人的身份说服对方接受自己的设计。设计师要用创意、素材、色彩、字形等内在的魅力去说服责任编辑和总编。只要设计师严肃、认真地对待设计,经过这番争辩(其实也是交流)后,双方均满意的设计草案会顺利被采用。

采用的设计草案要在计算机内修正。因为书籍的市场和其他商品市场一样是动态的,加上书籍的出版周期较长,过去通知单上的要求因市场变化和其他因素可能已不适合今天的市场需求,所以有时要变动。这时设计师要核实以下几个问题,以免造成不必要的浪费。

(1)核实开本有无变化。

(2)核实是精装本还是平装本。

(3)核实书名、丛书名、作者名等有无变动,无变动也要再次核对。

(4)核实内文页码(含版权页),以计算书脊的厚度。

(5)核实内文用纸的克数(和书脊厚度有关系)。

(6)核实正式出版的时间。

责任编辑和设计师双方若不沟通以上这些问题,有时会造成不必要的重复劳动,而且还会造成经济上的浪费。从某种程度看,设计师是负有道德责任的。

七、制版打样

印刷前的制版打样是验证设计品最后视觉效果的重要过程。样稿效果与设计师的预想效果会有小的出入,设计师要指导印刷厂做修改才能补救、还原良好的视觉效果。这一环节非常重要,需要设计师有较丰富的印刷知识。有时,制版打样后出来的视觉效果比设计预想的效果还要好,这说明设计师在设计过程中没有注意所有的工艺流程,这样并不利于成品印刷。

另外,打样的纸材最好和将来大批量印刷的纸材相同,这样才能使设计师把握住未来成品的视觉效果,从而保证书籍的整体质量。检查制版打样时应注意以下问题。

(1)对设计品中的所有文字要按设计通知单再重新核校一遍,做到准确无误。

(2)检查视觉效果是否完美。

（3）检查各种颜色之间套版是否准确。

（4）检查图形色彩还原如何，是否偏色。

（5）检查有没有残缺字体。

（6）检查纸与墨是否完美相融。

以上问题在制版打样中若没有出现，由出版社印刷部门和设计师共同签字后即可开始正式印刷。最后一道工序是至关重要的，设计师这时要跟踪印刷工序，大批量印刷前要和领机工人共同把关。虽然一般领机工人具有丰富的印刷经验和专业知识，但印刷是作品成败的关键，担负着完美体现设计品的重要责任，设计师不能不关注这最后的一道环节。首先要看开机后一段时间内印刷出来的色彩是否一致，再观察画面以外的白纸部分有无脏点，还要看套印是否准确，图形清晰度如何等。

以上几点是针对书籍整体设计进行的探讨，在下面的章节中将以剖析的角度针对构成对书籍形象的各个组件逐一探讨，从设计手法、设计要点等着手进行全面梳理，以使读者掌握切实可行的设计法则。

第二节　书籍设计流程实例

前面一节充分的讲解了书籍装帧设计必须了解的理论知识和设计方法，在这一节里，将展示一个优秀的书籍装帧设计的案例，让设计者了解书籍装帧设计的构思与制作的过程，帮助设计者拓宽思路，把创意变为现实。

《中国民间工艺系列丛书》设计案例如下。

一、接受命题题目

命题要求：设计一套介绍中国民间工艺系列丛书，共8本，包括《中国民间陶瓷》《中国民间剪纸》《中国民间皮影》《中国民间刺绣》《中国民间布艺》《中国民间木雕》《中国民间年画》《中国结》。

设计要求：整套书应体现中国民族特色，同时也要符合现代人的审美习惯。要求图文并茂，有一定的收藏价值，系列感强，且个性鲜明。材质不限，设色不限，装帧形式不限，可在定价范围内做适当的创新设计。

二、总体设计步骤

有计划的安排设计工作是每个设计师在接受设计命题后最先要进行的任务。总体的安排设计步骤，合理调配素材和时间，从而达到事半功倍的效果。

在本书设计工作开展前，还需做好市场调查，获得准确的第一手资料，为后面设计打下良好的基础。本书的设计制作的工作步骤如下。

1. 草图设计阶段

明确设计思路，确定需要设计的内容，紧扣要求绘制简单明了的设计草图。作为学习设计的学生平时就应该多练习手绘草图，为将来更快速、准确的记录和表达思维做准备。

2．素材准备阶段

根据草图收集相关图片和文字素材，即在设计书的封面和内容时所需要的文字、图形和图片素材。

3．计算机加工制作阶段

要求选择合适的软件，依据草图和素材，制作电子文件。

4．修改打印阶段

修改电子文件，并根据具体厂家的印前要求调整文件，以保证能最好的还原效果。

三、草图设计阶段

（一）明确设计思路

书籍装帧设计的目的是以艺术的手法明确地展现书籍内容的精髓，其直接作用就是在第一时间打动用户，促进销售。因此设计师决定先明确该书内容和特点，然后逐一解决设计问题。

该书内容：工艺美术类的资料书籍，以介绍中国传统民间工艺作品为主。这就要求正文排版应该让读者可以很方便地查找资料，那么较规矩的网格排版将成为首选。

该书特点：系列书籍，要求整体感强，因此每本书籍的封面设计需要有对应书名的成系列的图案支撑。

该书的用户：专业艺术设计人员、艺术爱好者以及爱好收藏的人员。他们的特点是对图形较敏感，这就要求封面主体图案的选择要直观地反映书籍内容，图案自身要有较强形式感和美感，封面版式要有目的的突出主题图案，版式活跃，不能呆板。

鉴于以上分析，本书设计者将封面版式作为重点，并选择了符合书籍内容的直观素材：陶瓷、剪纸、皮影、刺绣、布艺、木雕、年画、中国结作为每本书籍封面的主体图案，计划通过图案和文字的排版活跃气氛，同时需要特别注意字体大小排列和图形的疏密力量关系。到此，就可以开始准备着手绘制设计草图了。

（二）确定需要设计的内容

分析完决定该书的客观因素和设计任务后，需进一步确定该书的设计风格。根据设计命题和要求，该书的设计者决定采用图形和色彩作为该书籍设计的重要元素，直观地体现中国民间工艺的特点，便于读者（使用者）查找。

色彩上追求中国传统色彩，既有浓郁的民族气氛，又不失现代的简洁雅致。之后就需要考虑开本、封面、封底、书脊、环衬、扉页和页面版式具体如何设计了。

首先，书的开本。一般的书开本会以节约纸张为前提，设计为32开、16开、8开等形式，但是考虑到这是本工艺美术丛书，设计者选择了正方形的特殊开本做设计，采用 $200cm \times 200cm$ 的尺寸。

其次，封面、封底和书脊是设计重点。确定封面上的主要元素为作者的名字和书名、编辑、出版社名、封面的图形、封底的版本说明、价格和相关信息，再根据确定好的设计风格做准备。

最后，环衬、扉页和页面版式设计。

（三）开始绘制草图

绘制封面、环衬、扉页的草图。此步需确定出文字和图案的构图位置，简单勾勒出主体图案的外形，为下一步收集素材作为依据，如图6-14所示。

图 6-14　绘制草图

四、素材准备阶段

根据草图和图案选择的要求,设计者从提供的素材光盘和相关书籍资料中收集拍摄了一批素材,如图 6-15 所示。

图 6-15　收集素材

五、计算机制作阶段

开本为 200cm×200cm,书的厚度是 1.2cm,设计者选择了 CorelDRAW 为制作软件,将素材导入软件后,设置好页面大小和辅助线,便开始排版了,如图 6-16 所示。

(一) 系列丛书封面、封底、书脊效果

该书设计者主要采用鲜明的色彩和细腻的图形来传达书中的内容。同时,为了避免正方形开本易出现的呆板情况,设计者在图形选取和版式排列上做了精心的处理。图形的大小对比,文字的疏密安排,都为书籍封面增添了不少光彩。

书籍封面的文字有主次之分,书名一般是最重要的,因此设计者重点突出用 36 号字,字体用隶变体,既显示了中华文字独特的魅力,又与书的主题呼应。而书籍作者或者出版社等稍微次要的文字,设计师则以小号的字来区分,如图 6-17 所示。

(二) 系列丛书扉页设计

扉页设计则大胆地采用留白的效果,只有一个小的图标和一排文字,给人以无限的遐想,如图 6-18 所示。

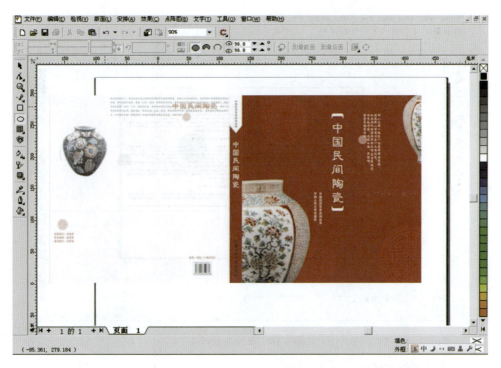

图 6-16　计算机制作书籍装帧效果

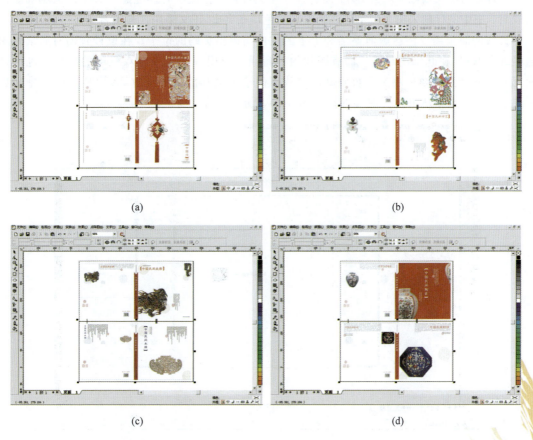

(a)　　　　　　　　　　　　　　(b)

(c)　　　　　　　　　　　　　　(d)

图 6-17　《中国民间工艺系列丛书》封面、封底、书脊设计

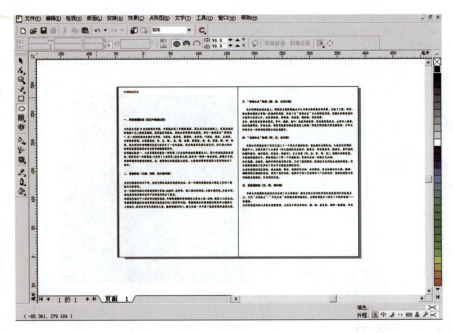

图 6-18　扉页的设计

（三）系列丛书内页排版

设计师将图文清晰分隔开，便于读者查找相关资料。排版的时候注意了文字的大小和版面的规划。书中的标题采用大号字体或者添加底色块来突出，正文采用 8 号或者 9 号字，宋体。

排版的时候需要注意版面整洁和上下的空白与留出页码的位子。在设计骨骼时通常采用通栏或者双栏，在此采用双栏。而有图片的书籍通常采用一栏半或者双栏半的形式。也可以根据自己的特殊需要来决定。页码则应该放在便于浏览和翻阅的地方，系列丛书内页排文如图 6-19 所示、系列丛书内页图文混排如图 6-20 所示。

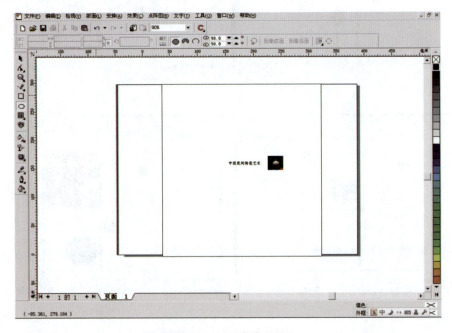

图 6-19　系列丛书内页排文

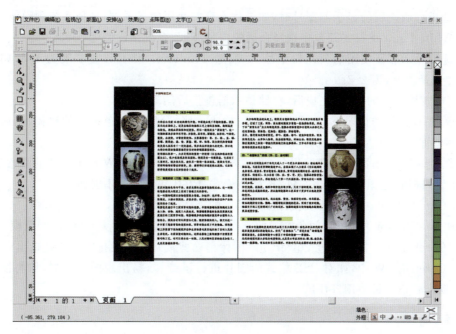

图 6-20　系列丛书内页图文混排

六、修改文件为样稿输出做准备

在制作电子文件的时候，为输出的时候做准备，要注意以下 4 点。

（1）输出文件的尺寸大小最好比纸张略小。

（2）排版要注意前后的页码，并注意留出装订线的位置，以免文字被装订进去，破坏书的效果。

（3）计算机的预览色和实际打印出来的色彩多少总会有偏差，因此尽量对照色标进行颜色的校正，同时调整图像的颜色品质。

（4）因为书的封面和排版是在 CorelDRAW 中制作的，因此打印之前一定要将文字转化为曲线，避免出现缺字、漏字或者打印不全的现象。

为了调整图像的颜色品质，需要进行两种类型的校正，即设备校正和系统校正。设备校正比较直接，最简单的方法就是使用安装 Photoshop 时所附带的 Adobe Gamma（在控制面板里面可以找到）一步一步地完成。但是系统校正需要了解相关的印刷工艺和实际印刷厂家的设备，所以这里建议大家学习相关课程后再做调整。

通过校正显示器，可以使屏幕上显示的图像与其他计算机上保持一致，并且与打印输出的结果保持一致，简单的校正方法如下。

（1）在校正前要保证显示器打开至少有半小时，以使显示器显示稳定。

（2）同时调整室内光线，使之处于通常工作状态，然后校正显示器的亮度和对比度。因为室内光线影响显示器的显示，最好将房间门窗关闭，不要使外界光线射入，而且要记录下校正好的显示器和房间亮度控制条件。

（3）打开 Adobe Gamma 面板，按照提示一步一步调整，以下几个常用设置供参考。

① 目标伽马值：一般图像推荐使用的目标伽马值是 1.8。如果要用录像机或胶片记录仪输出图像，其伽马值选择 2.2。

② 选择您所使用的显示器型号时，如果找不到您使用的显示器，选择系统预设值。

③ White Point 下拉式菜单中选择合适的白场温度，系统预设值为 6500。

④ 选择显示器所使用的荧光粉型号，一般选 Trinition。伽马设置一般为 1.8，如果需输出到胶片记录仪上，为 2.2。

（4）观察校正后的效果，完成后，存储显示器校正后的设置。

当然，在有条件的情况下，完成系统校正，输出一张 CMYK 单色过渡的样稿，然后做最后的细微调整即可。

除了这些之外，下面是一般输出公司给顾客的关于 CorelDRAW 输出文稿的注意事项。

（1）发排时彩色图片请使用 CMYK 颜色模式，RGB 颜色模式不能用。

（2）CorelDRAW 中最好不要使用没有品牌的字体。

（3）CorelDRAW 中 RGB 颜色模式的文字、外框、填色，须转换为 CMYK 颜色模式。

（4）CorelDRAW 如使用过 PowerClip（图像精确剪裁）效果，发排时请特别指出。

（5）CorelDRAW 中，如对 PSD 格式的图片进行了旋转，易出现图片破损，请将图片转换为位图，发排时请尽量使用 TIFF。

七、书籍完稿

将电子文件输出为成品，观察颜色，仔细校对，最后定稿、印刷，如图 6-21 和图 6-22 所示。

(a)

(b)

图 6-21　电子文件输出为成品

(c)

(d)

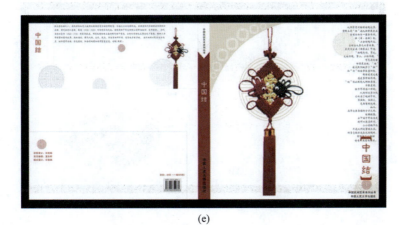

(e)

图 6-21　（续）

(f)

(g)

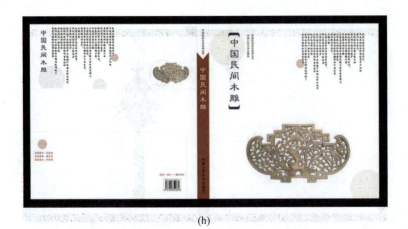

(h)

图 6-21 （续）

图 6-22　印刷成册

生产书籍的过程是一个动态的过程。是通过策划—寻找合适的作者—编辑加工—视觉设计—印刷装订—促销—完成销售—阅读等一系列动作的完成,才有了真正意义上的书籍。

在以上诸环节中,书籍视觉设计是设计师的责任,设计师是书籍立体形象的创造者。书籍视觉设计是一个承上启下的重要环节,只有将设计与创意贯穿于整个书籍设计,书籍形态流程才能得以完整的体现。

1. 如何理解收集素材和设计之间的联系?
2. 对于计算机辅助设计,设计师应采取何种态度?
3. 如何理解设计与印刷之间的互动关系?

自立一个书籍形态设计的项目,按照教材设计流程的方法,搜集自己所需要的素材,认真体会每一个流程在书籍设计中的重要作用。

第七章

书籍装帧设计赏析

1. 通过经典作品赏析,体会书籍装帧设计之美;
2. 通过本章学习,提高对书籍装帧设计的理解。

书籍装帧经典作品赏析、版式设计、形式美设计、个性情感化设计

 引导案例

《意匠文字》

书籍不是一般商品,而是一种文化。因而在书籍装帧设计中,哪怕是一根线、一个抽象的符号、一块色彩,都要具有一定的设计思想。一本好的书籍不仅要从形式上吸引、打动读者,同时还要经得起"寻味"——这就要求设计者要有良好的立意和构思,从而使书籍的装帧设计从形式到内容形成一个完美的艺术整体。

图7-1是由王序装帧设计的《意匠文字》,它是一本由吕胜中编文的中国民间纹样字库。书籍的装帧设计体现出厚重的文化与纯朴的民风,线装的形式既符合使用的便利又具有中国化特色,使读者感受到中华文化千年的浑厚积淀。装帧设计在吸纳国外的现代设计思维时,既融合了中华文化的设计理念,又成功反映了书籍内容的深刻性,让《意匠文字》成为一本权威的典藏书籍。

(a)　　　　　　　　　　　　　　(b)

图 7-1　《意匠文字》书籍装帧设计

第一节　中国书籍装帧设计赏析

中国书籍装帧设计至今已有两千多年的历史。在长期的演进过程中逐步形成了古朴、简洁、典雅、实用的东方特有的形式,在世界书籍装帧设计史上占有重要的地位,具有无穷的魅力。

"一册书捧在手中,手触及书页,翻阅纸张,书中所容纳的时间如鸟翼振翅伸展开去,阅读的速度也随着内容而变化,情绪会微妙地波动起来,此时书唤起人的"五感"交触,绝不仅仅是视线的牵动。"——这是中国著名书籍设计师吕敬人对"书有五感"的描述。

中国现代书籍形态设计追求对传统装帧观念的突破,提倡"现代书籍形态的创造必须解决两个观念性前提:首先,书籍形态的塑造,并非书籍装帧家的专利,它是出版者、编辑、设计家、印刷装订者共同完成的系统工程;其次,书籍形态是包含'造型'和'神态'的二重构造"。前者是书的物性构造,它以美观、方便、实用的意义构成书籍直观的静止之美。后者是书的理性构造,它以丰富易懂的信息、科学合理的构成、不可思议的创意、有条理的层次、起伏跌宕的旋律、充分互补的图文、创造潜意识的启示和各类要素的充分利用,构成了书籍内容活性化的流动之美。造型和神态的完美结合,共同创造出形神兼备的、具有生命力和保存价值的书籍。

强调中国传统文化、民族性与时代感的融合可以作为当代装帧设计的设计理念。随着社会的进步和经济的发展以及对外来文化的吸收,书籍装帧设计的内涵也会在时代的大潮中不断地发展。计算机设计追求品位,讲究形色之间的神韵,显示着中华民族特有的审美趣味,优秀装帧作品中洋溢着博大精深的中华民族的文化精神。而有些作品既有中国气派又有几分"洋味",颇具现代美感,成功地将西方艺术的浓烈色彩、充满动感的视觉冲击以及狂放的艺术创造精神借鉴到书籍装帧设计中来,使整个设计清新、明快,富于生机勃勃的活力。

小贴士

书籍设计师——吕敬人

吕敬人,书籍设计师、插图画家、视觉艺术家,现为清华大学美术学院教授、敬人设计工作室艺术总监。在吕敬人看来,书籍是一个带有情感的事物,它不仅仅是文字的传达,而且能带给读者许多享受。他认为作书的目的不仅仅是去美化,而是让读者喜欢去阅读,并且是饶有兴趣地去阅读。

他能将司空见惯的文字融入耳目一新的情感和理性化的秩序,始终追求由表及里的书籍整体之美的设计理念。编著有《当代日本插图艺术》《敬人书籍设计》《从装帧到书籍设计》等作品。

以下是部分具有代表性的中国书籍装帧设计的赏析。

案例

(一)

《梅兰芳全传》一书的装帧设计如图 7-2 所示。

图 7-2 《梅兰芳全传》书籍装帧设计

案例点评：《梅兰芳全传》将一般书籍忽略的结构进行全方位的设计渗透，从严谨的秩序美中展现生动的感性美，使设计不仅仅反映内容，而且实现了追求延伸、提升内文的境界，这在《梅兰芳全传》一书的"切口"中得到了完美体现。

读者将书端在手中，向下轻轻捻开时看到的是梅兰芳的生活照，向上捻开时是他的舞台照，梅兰芳生活舞台的起点和戏剧舞台的开端在这上下一捻中起伏升华，"切口"生出的形式美感浓缩了内容的精华，轻轻一翻间，就仿佛翻过了梅兰芳的一生，于无声处已是百感交集。

（二）

《共产党宣言》一书的装帧设计，如图 7-3 所示。

案例点评：考虑到书籍收藏版的价值、意义，对于护封函套的设计，设计师选择金丝楠木与羊皮进行搭配，同时也赋予了书厚重的历史感。

书籍封面的函套组合起来的图形由"E"和"M"构成（即由恩格斯 Engels 的英文首写字母和马克思 Marx 的英文首写字母构成），合在一起组成一个方向性极强的箭头。书与函套的拉动使箭头随即产生一种运动感，寓意《共产党宣言》是一本引导革命运动的纲领性的学术专著，具有引导人民运动的力量感。

内文纸设计采用了颜色与木浆原色相近的蒙肯纸，古朴自然，配合护封函套的材料，也体现了历史感。

(a)　　　　　　　　　　(b)

图 7-3　《共产党宣言》书籍装帧设计

（三）

《小红人的故事》一书的装帧设计，如图 7-4 所示。

案例点评：中国传统的红色、封面上立体的剪纸小红人、书脊匝线的人工装订、恰到好处的红黑对比……中国元素的天然、纯熟运用让《小红人的故事》浸染着传统民间文化丰厚的色彩，与书中展现的神秘而奇瑰的乡土文化浑然一体。设计纸张采用亦有其特色，读者在翻阅的过程中,微弱的声响有绵软之感。油墨和纸张的气味混融,随着书页的掀动潜散开来,越发让读者感受到纯朴、浓郁、丰盛的乡土民间气息。

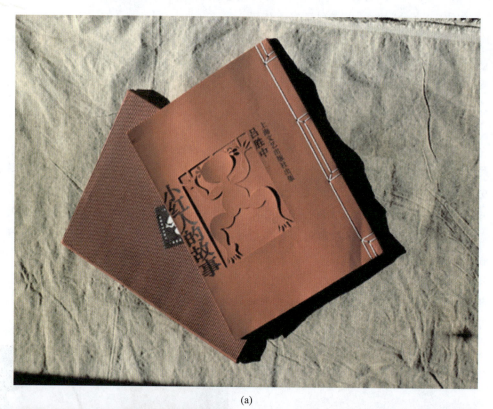

(a)

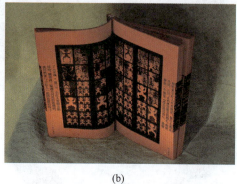

(b)

(c)

图 7-4 《小红人的故事》书籍装帧设计

(四)

《守望三峡》一书的装帧设计,如图 7-5 所示。

案例点评:设计师充分把握书的主题和精神,封面设计上 4 个形似"一石激起千层浪"的狂草大字"守望三峡"在表达上高度概括了书的取材立意,凝练传神。视觉气氛弥漫的封面带给读者丰富的感受,冲击着读者自由联想的空间,感动也在瞬间刻画。

方形视框的图形记号贯穿全书,通过设计师的巧妙构思与设置,表现主题在时空中的连续性,给静止的图像和文字注入生命力和充满情感的变化,自然而然地赋予书与其内容意蕴吻合的设计形式的表达。

(b)

(c)

图 7-5 《守望三峡》书籍装帧设计

(五)

《不裁》一书的装帧设计,如图 7-6 所示。

案例点评:设计师充分利用了读者与书的互动,打破了人们"翻"书的阅读状态和习惯行为,重新塑造书籍形态,设计了一本需要边裁边看的书,让阅读有延迟、有期待、有节奏、有小憩,引领读者全身心领略书境并参与再创造,其意义已超出书籍构造的本身。

封面上两条用缝纫机直接订上去的细细的红线穿越书脊、封底、封二和封三,形式上融为一体;纸张采用朴雅的毛边纸,边缘保留了纸的原始质感,书的前环衬上设计了一张小刀样的书签,可随手撕开作裁纸刀用,之后每一页都需要读者自行裁开,在"裁"的过程中体会《不裁》

内容和形式的乐趣,并且会惊喜地发现,"裁"出来的纸页其撕拉的自然毛边和书本身达到了形式上的完整统一。

书中所有藏书票和插图也是由作者手绘完成的,和《不裁》的文字、装帧一样,洋溢着日常生活中的自然质朴气息。

图 7-6 《不裁》书籍装帧设计

(六)

《曹雪芹扎燕风筝图谱考工志》一书的装帧设计,如图 7-7 所示。

案例点评:《曹雪芹扎燕风筝图谱考工志》这本书做了 11 年。一幅幅插图美轮美奂,一则则口诀赅要生动,版式布局别有趣致、一目了然,装帧设计以简驭繁。富于中国传统特色的精美插图与版式设计不仅详尽记录且演示了扎燕风筝的扎、糊、绘、放诸般技艺,还讲述了曹雪芹"以艺济世"的掌故,传承了风筝这一古老民间艺术的文化命脉。整本书的设计充满生机,中华民间艺术色彩浓厚,体现出独有的东方文化魅力。

图 7-7 《曹雪芹扎燕风筝图谱考工志》书籍装帧设计

(七)

《旧墨迹——世纪学人的墨迹与往事》一书的装帧设计,如图 7-8 所示。

案例点评:前辈学者的墨迹手泽历来为人们所珍视。本书作者收藏近代人物的手稿、信札、字画既久,以他对前贤的熟悉,在书中讲述了清末民国时期数十位著名学者不平凡的人生经历,以及学界文坛的掌故逸闻。

作者还配合叙述精选出百余件翰墨珍藏,包括严复、梁启超、王国维、黄侃等人的手迹,展读此书仿佛与这些名人对坐,纸墨如旧,神采依旧。

外观内页均精致、大方,开本宏阔,利于展读;封面设计简洁、大气,富含文化气息,版式简略而不失韵味;用纸也为特种纸,手感、阅读舒适度俱佳。

(a)　　　　　　　　　　　　　　(b)

图 7-8　《旧墨迹——世纪学人的墨迹与往事》书籍装帧设计

（八）

《吴为山写意雕塑》一书的装帧设计，如图 7-9 所示。

(a)

(b)　　　　　　　　　　　　　　(c)

图 7-9　《吴为山写意雕塑》书籍装帧设计

案例点评：紫铜的金属色泽质地、"大斧劈"式的大形结构，形成了这本书最具个性特色的视觉样式。这些要素是从《吴为山写意雕塑》作品中最具特点的部分汲取出来，用设计的语言实现的。该书特地将正文编成3部分，切割装订成台阶式的3层，再和台阶式的硬封、函套组合在一起，形成了大斧劈的形态。

封面、辑封、多处切口全做成紫铜质地，整本书犹如一块铜制的雕塑，仿佛是从吴为山的雕塑中截取下来的，给读者一种非同寻常的视觉震撼。英国皇家雕塑家协会主席安东尼先生说："这本书的造型与吴为山的雕塑是一致的，从这当中可以看到刀劈斧砍。"书名用击凸的大标微软雅黑字，挤在封面左上方，清晰而不影响全书、干净统一的铜质感。

字本身为亮紫铜色，似乎就是在这块斑驳的"铜雕"上铸出来的，简约而且统一，体现了吴为山雕塑的简约个性。

（九）

《绝版的周庄》一书的装帧设计，如图7-10所示。

(a)

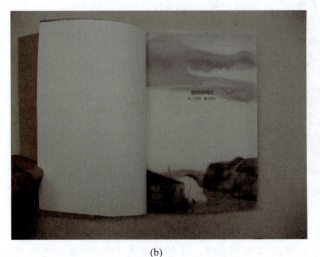

(b)

(c)

图7-10 《绝版的周庄》书籍装帧设计

案例点评：本书是一本精湛、典雅、抒情的小品，文字的栏宽、行距的处理让阅读轻松悠闲，其中穿插的表现周庄的水墨画和速写，使阅读富有层次感。书中的小插页别具新意，手工的制作与现代工艺相结合，形式上的冲突与矛盾在阅读时充满趣味。

有趣的封面设计采用了类似邮票的图片，书名采用压烫，处理在一个接近邮戳的图形之中，用手抚摸时的触感成为该书的一大亮点。翻开内页，穿插其间的周庄水墨画和速写带给人以空灵之感，阅读起来既有层次又充满了张力。

小贴士

（一）书籍设计师——陆智昌

陆智昌——香港设计师，他设计的书包括《我们仨》《安徒生剪影》《洛丽塔》《在路上》《我的名字叫红》、杜拉斯作品系列、米兰·昆德拉作品系列、《作文本》《创意市集》等。

陆智昌的书籍装帧设计完全是为了呈现内容而去做设计。简约精练，不做任何无谓的修饰，没有多余的元素。吕敬人评价陆智昌为书装界带来一种语境、一种意境，清秀、安静。他设计的书不管是在书店中摆放，还是置于家中的书架，都有一种其他书籍所无法比拟的气质。通读全书之后，更觉得书中内容与装帧是相得益彰、相映成趣的，形式与内容完美结合。

陆智昌喜欢用大面积的浅色、纯色。他的设计一看封面就能让读者感受到书的内容是什么风格。他能调动各种手法传达图书的内容和风格，色彩、纸张、材料在他手上都有不俗的效果。

图7-11所示的《花间十六声》，鲜艳的粉红就已经完全传达出了"花间词"给读者的感受，再配以古代名画中的3幅工笔仕女肖像，封皮手感清爽，采用特殊的19开本，精致并让读者惊艳。

图7-12所示的《作文本》，由陆智昌本人策划，是一本关于建筑的图书。封面为纸张的本色白色，简单、素净。最妙的是这本书的护封是折叠起来的，读者可以完全打开，打开之后就是一张完整的建筑设计图。

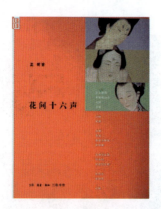
图7-11 《花间十六声》书籍装帧设计

图7-12 《作文本》书籍装帧设计

图7-13所示的《陈寅恪集》，封面极为简洁，封面上面一小块地方为出版者、作者和书名，下面一篇开阔天地，只有两列文字，文字为陈寅恪撰文、林志钧书丹的王国维墓志上的拓片："独立之精神，自由之思想。"整个设计完美地体现出了一代大师的精神气质和学术气质。

图7-14所示的《悠游小说林》，无论用纸还是开本都极为普通，取一册在手，似乎都忘了设

计的存在,因为封面图案实在与内容贴合得好,同时又不像一般的学术书板着面孔,首先就让读者望而生畏。这套书的颜色、图案十分亲切,它安安静静待在一边,让你动容不已。

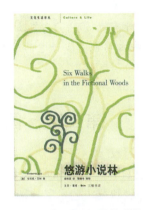

图7-13 《陈寅恪集》书籍装帧设计　　图7-14 《悠游小说林》书籍装帧设计

(二)书籍设计师装帧语录

书籍设计应该是书的最佳翻译,既要隽永,更需要淋漓尽致。

——曾尧生(中国台湾)

一本书可以凝固那个时代的文化。书籍的装帧设计,正可以充分表达出那段文化的视觉质感。

——王行恭(中国台湾)

好的作品,无论是海报、包装或广告,除了成果效益外,最重要的都有一共同特征,就是"令人感动的效果"。

——李永铨(中国香港)

书籍设计是平面设计领域最具考验的项目之一,若将海报设计比拟为拍摄一幕简短明快的MTV,那么书籍设计则是制作一套长篇剧,既要考虑每个细节的表达,亦要苦心经营各个部分,使之相互衔接,并照顾到观众的欣赏习惯。无论如何,我们相信,书籍设计的视觉性格,总应与每本书自身的信息内容及特定功能作为最后的依据。

——吴卫鸣(中国澳门)

纸张美的本质是什么?是"亲近"之美,是我们与周边生活朝夕相处的亲近感,是由纸张缀订而成的书籍既有纯艺术的观赏之美,更具在使用阅读过程中享受到的视、触、听、嗅、味五感交融之美。

——吕敬人

关于一本书的"美"的核心,以我来看是情感。情之所在,形、神有时不一定那么重要。

——陆智昌

设计师要做的就是导演的工作,将不同的资源优化整合,再用最合适的方式展示出来。

——韩家英

装帧设计就像交响乐。正如交响乐有序曲、高潮、低潮、过场、章节,一般一本书也有封面、环衬、目录、序言等。要判断一本书的装帧是否优秀,其中一点就是要看它的各部分结构是否形成一个和谐的整体,高潮是否恰到好处。

——张达利

未来，我想我对书籍设计应该吸纳其他专业设计师的观点，从而引导我对书籍设计的看法。这些设计专业包括：时装设计、建筑设计、室内设计以及产品设计。

——王序

我做装帧设计有近50年了，每做一个设计都要尽量熟悉作品，然后理性分析它。我有一个体会，我设计一本书也是我读它的过程。

——张守义

第二节　国外书籍装帧设计赏析

1928年，伦敦出版了专业的书籍设计杂志，公开倡导书籍艺术之美的理念，向世界展示书籍设计艺术的进展状况。艺术家分别发表他们的艺术主张和流派宣言，组成各种俱乐部。成员不仅仅局限于美术家领域，还广泛联系其他领域的人们参与，如诗人、作家、音乐家，并与之交流，使书籍设计艺术越发活跃繁荣起来。其代表人物是英国的威廉·莫里斯，他领导了英国"工艺美术"运动，开创了"书籍之美"的理念，推动了革新书籍设计艺术的风潮，因此被誉为现代书籍艺术的开拓者。

书是文化的产物，国外书籍装帧设计从英国的"工艺美术"运动，到德国表现主义、意大利未来派、俄罗斯构成主义、瑞士达达主义设计、荷兰风格派，再到瑞士平面设计风格……在书籍装帧设计上，各个国家因各自的民族传统和社会生活的差异，其书籍风格也表现出各自不同的文化特色和精神气质。

著名书籍装帧教育家、平面设计大师余秉楠先生在饱览东西方国家的书籍等出版物的装帧风格后，对不同国家书籍装帧的设计风格进行了概述：英国——简洁、严肃、正统、比较保守；德国——严谨、合理、不失机灵活泼；美国——明快、强烈、广告味较浓；法国——活泼、华丽、受绘画的影响较大；瑞士——清新、严谨、有强烈的现代感；意大利——优美、新颖、粗犷与纤柔相结合；日本——新颖、古雅、东西方风格并存……

 小贴士

威廉·莫里斯与"书籍之美"

威廉·莫里斯，英国设计大师，于1891年成立凯姆斯科特出版印制社，一生共制作了52种66卷精美的书籍。他主张艺术创作从自然中汲取营养，崇尚纯朴、浪漫的哥特式艺术风格，并受日本装饰风的影响。他倡导艺术与手工艺相结合，强调艺术与生活相融合的设计概念，主张书籍整体的设计。

他指出："书不只是阅读的工具，也是艺术的一种门类。"其代表作品是图7-15所示的《乔叟诗集》，于1892年开始制作，耗时4年。

他专门邀请乔治和爱德华两位版画家，为此书创作了87幅木版画插图作品。

莫里斯在书中采用了全新的字体，并设计了大

图7-15　《乔叟诗集》

量纹饰,他引用中世纪手抄本的设计理念,将文字、插图、活字印刷、版面构成综合运用为一个整体。这本书是他所倡导的"书籍之美"理念的最好体现,被认为是书籍设计史上最杰出的作品之一。

莫里斯理念影响深远,法国、荷兰、美国均兴起书籍艺术运动,使西方的书籍艺术迈出了新的一步,迎来了 20 世纪书籍设计艺术高潮。可以说,那时"书"是艺术家们表达自己艺术观念最方便的传媒。他们打破所谓高雅艺术和低俗时尚之间的界线,越过阻碍发展的羁绊,抱着社会责任感和热情,超越纯美术的领域,在书籍这一文字媒体上进行实验性的创作活动。开始时,以版面设计为主,注重文字与插图的紧密结合,而后舍弃皮革厚纸的装帧形式,引入简约、质朴的书籍形态,为人们创造了清新优雅、阅读愉悦的图书。

以下是部分具有代表性的国外书籍装帧设计的赏析。

案例

（一）

《银花》一书的装帧设计如图 7-16 所示。

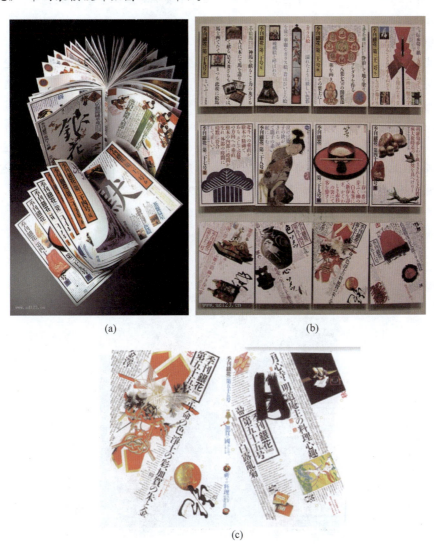

图 7-16 《银花》书籍装帧设计

案例点评：日本书籍装帧设计大师杉浦康平认为书籍的封面就是面孔，是内在世界的外溢。20世纪60年代后期，杉浦康平对于东方的观相术产生了浓厚的兴趣，希望创作观相术式的封面，读者从封面就可以看出书的内容。这一点也体现在他为研究日本民俗文化的杂志《银花》所做的封面设计中。

由东京都文化局出版的反映日本民俗文化的季刊杂志《银花》，自20世纪70年代初创刊至今一直由杉浦康平先生担任设计已整整36年，他为构建近代活字主流字体的审美气质和传达表现进行了大胆的试验和实践，尤其是粗宋体那种浓重的"黑色"在竖排字体的构成中尽情施展具有丰富的音乐节奏感的魅力。

《银花》把体现杂志内容的图片和文字放到封面上，不同的图片和字号构成了精巧的版式，几个不同的主题相映成趣。杉浦康平还根据四季的循环往复变化杂志封面的角度，每一期封面图形文字都成23.5°倾斜，使得封面设计产生一种生命的运动感，其设计理念由地球绕太阳转的倾斜度是23.5°而来，杉浦康平把这个"宇宙现实"搬入了其整体封面的设计当中。《银花》一年4册，4册一个主题，杉浦康平不断变化设计节奏，给予杂志新的活力。

（二）

《都市住宅》一书的装帧设计如图7-17所示。

案例点评：日本的书籍设计具有简洁、洗练、不张扬、讲究空白，追求无雕琢痕迹和富有透明感的审美余韵，设计师们总是在传统与前卫交织中寻找切入点和平衡点。日本继承了东亚各国丰富的文化遗产，使字体设计得以多样化的表现，这也是日本书籍设计的一道风景。

《都市住宅》是一本探索宏观空间与微观空间的建筑杂志。杉浦康平尝试了用极小的字进行排版，把大量的文字信息凸显在封面上，左右文字和图形和谐而又对比。无常的红色与蓝色叠印的画面，在纸上浮现出看似用指尖能捏起来的虚拟空间，设计利用左右两眼的视差，产生小小的幻觉。而这种视觉幻象与建筑师的梦想进行叠印，阐释了主题。

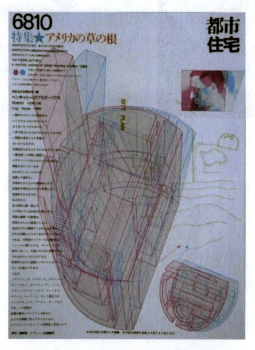

图7-17 《都市住宅》书籍装帧设计

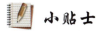 小贴士

杉浦康平

杉浦康平(Kohei Sugiura),国际知名平面设计家、书籍设计家、神户艺术工科大学名誉教授。1932年生于日本东京,1955年东京艺术大学建筑科毕业,1964—1967年任德国乌尔姆造型大学客座教授。1970年起开始书籍装帧设计,以视觉传达论、曼荼罗为中心展开亚洲图像、知觉论和音乐论的研究。1982年荣获莱比锡"世界最美的书"金奖,1998年被授予日本国家紫绶勋章等。

他是亚洲图像研究学者第一人,曾策划多个介绍亚洲文化的展览会、音乐会和相关书籍的设计,以其独特的方法论将意识领域世界形象化,对新一代创作者影响甚大。将亚洲传统的、神话的图像、纹样、造型的本质形容成"万物照应的世界",见诸多部著作。

杉浦康平的主要著作有《日本的造型•亚洲的造型》(三省堂)、《造型的诞生》《生命之树•花的宇宙》《吞下宇宙》(讲谈社)、《叩响宇宙》(工作社)。其他编著作品有《视觉传播》《亚洲的宇宙观》《文字的宇宙》《文字的祝祭》,设计作品集《疾风迅雷——杂志设计的半个世纪》等。

杉浦康平的设计并不是局限在所谓装帧的层面,而是挖掘文本内涵,注入视觉信息编辑架构理念,控制书籍设计语言的"五感"把握,追求信息传达的最佳阅读语境。

人们公论杉浦康平是东方书籍设计语法的构建者。

案例

(一)

《委内瑞拉的情感历史地理学》一书的装帧设计,如图7-18所示。

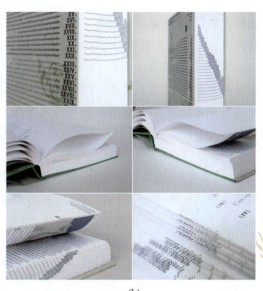

(a)   (b)

图7-18 《委内瑞拉的情感历史地理学》书籍装帧设计

(c)

(d)

(e)   (f)

图 7-18 （续）

案例点评：《委内瑞拉的情感历史地理学》是一本知识性的图书，超大的文字信息和图片被设计师通过复杂而又微妙的文字编排塑造得非常合理和清楚。本书的设计师没有使用彩色字体，而仅仅通过设置字体大小、厚度和高亮字体来进行细微的对比。

这种装帧方式（法式折叠法）使得浏览本书的方式有一种精彩的可能性。前沿因索引的巧妙使用而显得更加高压，整体布局开阔灵活多变。设计者没有被自己固有的网格而局限——在处理如此大量的图例时常常容易陷入这种陷阱。

（二）

《一天的生活》一书的装帧设计，如图 7-19 所示。

案例点评：本书的设计借用了报纸、杂志常用的平面设计惯例，手法戏谑而出人意料。这些内容分类的方式、单一高亮底色的使用、多样的版面组合形式、变换的字体，都凸显了纪实性。

该书的设计有力且清楚明白，用一种自然而不张扬的方式讲述故事。

图 7-19 《一天的生活》书籍装帧设计

(三)

logo 一书的装帧设计,如图 7-20 所示。

案例点评:logo 从封面开始就很吸引人。"logo"字体设计构成了极为简约的封面,具有强烈的视觉冲击力。该书将标志中相类似的设计手段,分门别类地进行编排,信息量很大。内页的编排设计清晰而富于变化。封面的护封其实就是一张折叠起来的海报,给读者很强的设计感觉。

书中大部分都是黑白印刷,只有一小部分是彩色的,价格并不高,从形式上来说真正体现了为内容服务。

(a) (b)

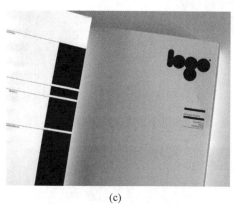 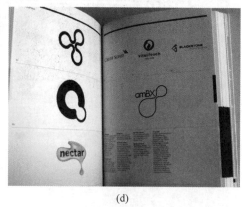

(c) (d)

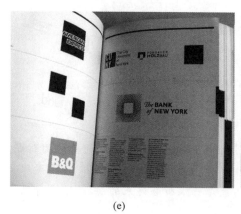 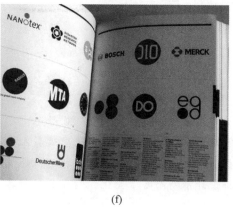

(e) (f)

图 7-20　*logo* 书籍装帧设计

（四）

Carsten nicolai 一书的装帧设计，如图 7-21 所示。

案例点评：这是一本非常灵性的设计书。从封面到尾页的视觉语言始终如一，朴素的设计仍然不失细节，一切的一切都像是轻松舒缓的旋律。

(a)

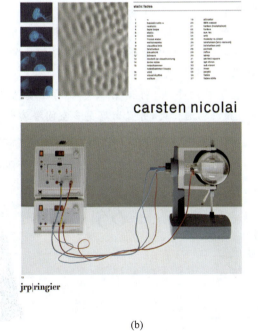

(b)

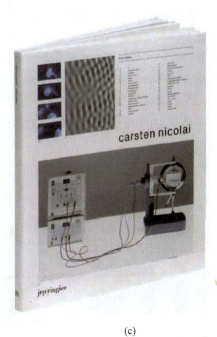

(c)

图 7-21 *Carsten nicolai* 书籍装帧设计

（五）

《城市野生植物手册》一书的装帧设计，如图7-22所示。

案例点评：可能有人说这本书不美，但是它却真实。书中植物呈现出它们在城市中的真实样子。同样枯萎的树叶，病态与损坏处像个在马路边期待引起注意的乞丐。其文字版式设计模仿官方信函的样式——适合强调整个书籍的纪实完美特性。对材料的恰当选择以及前后一贯的设计使这本书易于翻阅赏读，是一本令人挚爱的植物标本集。

图7-22 《城市野生植物手册》书籍装帧设计

（六）

65 MODERN PROVERBS 一书的装帧设计，如图7-23所示。

案例点评：设计师 Nikki Farquharson 设计的这本书简洁到了极致。全书共有65页，与很多繁杂的设计不同的是，该书每页只有一句话，记录了现代世界的65句值得回味的经典格言。书籍采用加厚的瓦楞纸作为封面和封底，采用了线装形式。

内文用红黑两种颜色清晰醒目。用最少最质朴的手法，将读书人更多的注意力集中在65句经典格言上，达到了设计师期待的信息最直接的沟通传播，并且留有更多空间给读者回味。

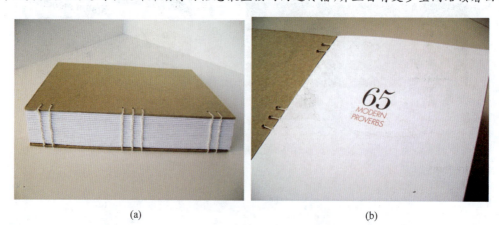

图7-23 65 MODERN PROVERBS 书籍装帧设计

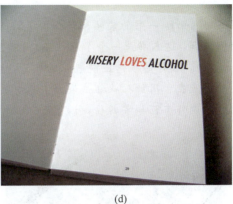

(c)   (d)

图 7-23 （续）

（七）

TYPE ADDICT-ED 一书的装帧设计，如图 7-24 所示。

案例点评：这是一本关于字体设计方面的书籍，整本书的装帧设计让人感到很有新意。尤其是书的封面，乍一看好像就是三角形做的底纹而已，但稍微远观就能看出书名隐藏其间，越远就越清晰，在设计上只是利用了三角形的微妙变化产生出效果，很富有想象力，字体设计也与书籍内容阐释相得益彰。

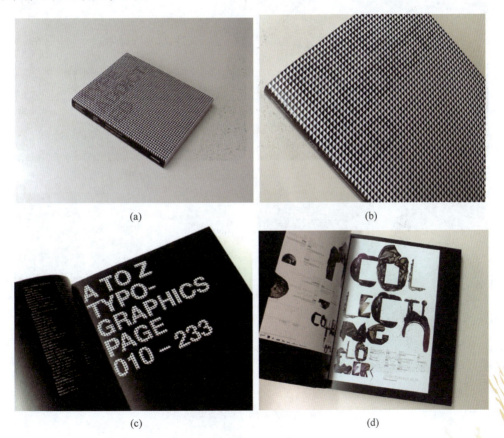

(a)   (b)

(c)   (d)

图 7-24   *TYPE ADDICT-ED* 书籍装帧设计

（八）

Tord Boontje 一书的装帧设计如图 7-25 所示。

案例点评：这本书是一个个人作品集，涵盖了设计师几乎所有的作品，更重要的是书本身也设计得很棒，设计的概念围绕着织物展开，封面在四色印刷后再裱上一层粗纱布，非常特别。而内页的亮点在于用针孔状组成花纹，编排在文字内容的左右空白处，就像缝纫中的针脚一般。这样的制作工艺非常新颖，引领了新装饰主义的流行，是一本值得收藏的书。

图 7-25 *Tord Boontje* 书籍装帧设计

小贴士

"世界最美的书"评选活动

每年在德国莱比锡举办的"世界最美的书"评选活动,代表了当今世界图书装帧设计界的最高荣誉,反映了世界书籍艺术的最高水平。参加大赛的图书涵盖文学、艺术、科技、教科书、非文学类等各个类别。举办大赛的目的在于从专业领域对图书装帧设计进行讨论,鼓励书籍制作研究,向读者介绍图书艺术方面的知识,并证明制作良好的图书价格未必昂贵。大赛每年评出 50 本"世界最美的书"奖。

"世界最美的书"的评判标准主要有 4 点:一是形式与内容的统一,文字图像之间的和谐;二是书籍的物化之美,对质感与印制水平的高标准;三是原创性,鼓励想象力与个性;四是注重历史的积累,体现文化传承。

"世界最美的书"的评选,有着严格的评审程序和全面的评审要求。每届评委会基本由 7 人组成,他们均是来自世界不同国家的著名书籍艺术家和教育家。在评审要求方面,"世界最美的书"评选强调书籍整体的艺术氛围,要求书籍的各个部分,封面、护封、环衬、扉页、目录、版面、插图、字体等在美学上保持一致,装帧形式必须适合书籍内容,在制作上使最高的艺术水平和最高的技术水平相统一。

对于不同国家、不同文字的图书如何进行评选,"世界最美的书"评委们认为,图书设计的艺术性在于文字的排式、比例,在于是否构成了一件艺术品,体现了一种文化氛围,不仅要吸引人的视觉,还要使人的手感舒适。

2004 年 10 月,"世界最美的书"首次亮相中国,并在上海展出。为了有利于中国图书走向世界,进一步提高中国书籍的设计艺术水平,上海市新闻出版局自 2003 年 7 月起每年都成功组织"中国最美的书"评选,获奖作品同时角逐"世界最美的书"评选,每年的评选活动都备受全国书籍设计界的青睐和关注。

本章小结

书籍装帧是一门艺术,书籍装帧设计的发展形成了一种新的视觉艺术和视觉文化范畴。实践证明,一件好的书籍装帧作品能给人以美感,或典雅端庄,或艳丽飘逸,或豪华精美……

随着历史的前进、科学技术的发展,书籍作为人们的精神生活需要,它的审美价值日趋突出和重要。虽然书籍装帧设计的语言运用变化万千,但是其服务的对象还是人:人的生理审美要求(包括简单物理功能要求——体现在装帧设计上就是视觉传达的迅速和准确要求)和人的心理审美要求(美观、大方、典雅、合乎自己的品位等),其实并没有多大的改变。因此,对于书籍装帧设计语言发展的研究和书籍装帧设计语言运用的研究成为重新衡量新的书籍审美的价值标准。

交流是为了发展。如今,书籍装帧设计风格在体现鲜明民族文化特点的基础上也进行了突破、创新,呈多元趋势发展。但不论装帧形式如何,都应追求设计与内容的完美结合,凸显书籍的本体功能,书中有我,我中有书,让装帧成为设计者与书、书与读者的一种对话,这是最佳设计所体现的理想书境。

思考题

1. 谈谈你对国内外书籍装帧设计的理解。
2. "世界最美的书"的评判标准对你有什么启发?

实训课堂

搜集国内外优秀的书籍装帧设计,从书籍整体形式到印艺表现等各方面用文字和图片,通过 PPT 的形式进行阐述与分享。

第八章 电子书籍设计

学习要点及目标

1. 重点介绍电子书籍设计的概念、电子书籍设计的元素与发展等内容；
2. 了解什么是电子书籍设计、电子书籍设计的发展。

核心概念

电子书籍设计的概念、电子书籍设计的发展

引导案例

《开啦》是演员徐静蕾主编的一个双周电子杂志，2007年4月16日正式创刊上线，每期一个话题，内容体现了原创精神。话题涉及时事、历史、影视、音乐、图书、时尚、旅游等多个时尚文化领域，徐静蕾亲任总编。

《开啦》以特有的设计理念和实践为中国电子杂志刊物设计开拓了广阔的空间，其封面与目录设计如图8-1所示。《开啦》定位文化时尚，涉及电影电视、新闻时事、音乐等青年人比较关注的话题，有些栏目还涉及文学、旅游等多个领域，杂志栏目的定位对杂志的形象十分重要。

虽然杂志与书籍的表现形式不同，但在电子读物发行的开始阶段，电子杂志实践的意义是值得我们思考的。放眼世界书装界，只有植根于本土文化土壤，利用本土文化与资源，并汲取电子读物的各种表现形式和西方现代设计意识与方法，才能构建出更好的电子书籍。

(a) (b)

图 8-1 《开啦》电子书籍设计

电子书籍的起源

随着科技的发展、计算机和网络技术的普及，书籍市场发生了翻天覆地的变化，电子书籍市场的不断扩大是显而易见的。自然，电子书籍的装帧设计也必然会向着更加系统化、学术化的方向发展，成为一个被大家关注的学科方向，为更多群体所接受和应用。

书籍作为信息的载体，伴随着漫长的人类历史发展过程，在将知识传播给读者的同时，带给他们美的享受。书籍不仅仅提供静止的阅读，更是可供欣赏、品味、收藏的流动的静态戏剧。电子书籍充分发挥了现代电子书籍技术的低成本、高效益、人机交互、人性化、灵活便捷等优势，深入广大用户的生活、学习、工作当中，给更多人带来益处，电子书网络销售如图 8-2 所示。

图 8-2 电子书网络销售

第一节　电子书籍设计的概念

我国国民数字化阅读的普及,带来了电子书阅读的冲击波,数字技术的发展为设计者提供了更多样的技术支持,也改变着未来书籍设计的走向。正如著名传播学者麦克卢汉所说,每一种技术形式都是我们最深层的心理经验的反射,对这种信息传播方式的接收和使用,从深层次上引发人们思维方式、生活方式等方面的变化。这种变化值得期待,更需要设计者们的参与,从而创造出更加丰富多彩的书籍形式。

一、电子书

电子书是指将文字、图片、声音、影像等信息内容数字化的出版物以及植入或下载数字化文字、图片、声音、影像等信息内容的集存储介质和显示终端于一体的手持阅读器。简单地说,电子书是通过阅读软件,书籍以电子文件的形式呈现,电子书通过网络联结下载至一般常见的平台使用和阅读。

它是个人计算机、笔记本电脑(Note-book),甚至是个人数字助理(PDA)、WAP 手机,或是任何可大量储存数字阅读数据的阅读器上阅读的书籍,是一种传统纸质图书的可选替代品,代表人们所阅读的数字化出版物,从而区别于以纸张为载体的传统出版物。它通过数码方式记录在以光、电、磁为介质的设备中,必须借助于特定的设备来读取、复制与传输。

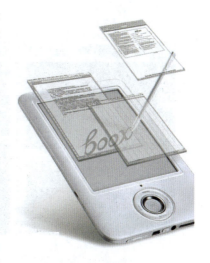

图 8-3　电子书

书籍,是人类思想交流、知识传播、文化积累的重要依托,是承载着古今中外智慧的结晶。一本好书,就好像一个芬芳的世界,荡涤人的肺腑。现代快节奏的生活,很难保证人们在日常生活中有大量的时间坐下来,静心翻阅书籍,而电子书的载体特殊性,帮助人们解决了这一问题。只要拥有一个便捷的电子设备,如图 8-3 所示,就可以随心所欲,将书籍带到任何地方进行阅读。

二、电子书籍设计

书籍的装帧艺术世界是广阔多姿的。书籍装帧设计也称为书籍设计,其主要的任务除了达到保证阅读的目的外,还要赋予书籍美的形态,给读者美的享受。电子书籍的特殊呈现形式,也蕴藏着丰富的设计亮点与元素。虽然不能够像普通书籍设计那样,通过外形、材质等介质来表现设计内容,但根据电子设备的使用习惯,可以将画面表现、交互体验、文字呈现等内容很好地融入电子书的设计中。

有时甚至可以增加背景音乐等丰富的多媒体感受,来帮助达到更舒适的阅读效果。如图 8-4 所示,阅读者可以根据自己的阅读习惯进行设置,并能够添加书签或者是分享到自己的微博空间,与自己的好友共同分享读物。除此以外,还可以设置全屏阅读模式,体验更有视觉效果的阅读方式,并能通过图 8-5 所示的进度条以及目录选项,快速了解自己阅读的进度并进行页码定位。

图 8-4　网络电子书阅读

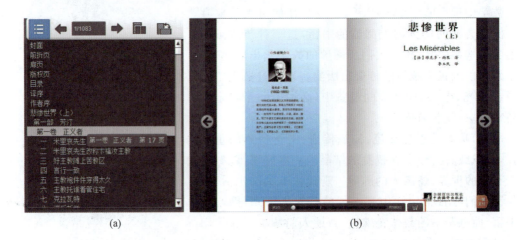

(a)　　　　　　　　　　　　(b)

图 8-5　电子书目录选择与阅读进度

第二节　电子书籍设计元素

美,是人们的心理要求;爱美,是人们的天性。随着历史的前进、科学技术的发展,书籍作为人们的精神生活需要,它的审美价值日趋突出和重要,具有美感的书籍设计更能够吸引阅读者的注意力。

一、版面设计

纵观书籍装帧的发展史,不同时期的书籍存在着不同的外在表现形式,如从原始时期的石头、甲骨、兽骨,到后期逐渐发展起来的泥板书、羊皮纸书、竹简、帛书直至纸质图书等形式。单考虑物质实体,电子书是新时代科技的产物,也是书籍的一种外在形式,是采用了电子载体的一种阅读模式。因此未来图书装帧设计的又一主线就是电子图书的视觉设计。

电子书视觉主要是通过电子书的版面设计来传达设计信息的，所以版面设计必将成为电子书籍设计的主要元素。专业化的版面设计更能够为阅读者带来美的享受，丰富阅读者的阅读感受；同时更加人性化的阅读体验，也将为电子书籍的发展带来更加广阔的前景。

（一）构思

为了使排版设计更好地为版面内容服务，达到最佳诉求，寻求合乎情理的版面视觉语言是十分最重要的。构思立意是设计的第一步，也是设计作品中所进行的思维活动。只有主题明确后，才可以更好地进行版面构图布局和表现。

（二）排版

电子书的排版主要是由文字、图形、色彩等通过点、线、面的组合与排列构成的，所追求的完美形式必须符合主题的思想内容，这也是排版设计的根基。

二、交互设计

除了静态直观的版面设计外，电子书籍的丰富表现形式为电子书籍的交互式体验设计奠定了基础。在深刻理解阅读本质后，合理、有效地运用各种媒体技术，将电子书籍内容以不同方式呈现给读者，是扩大电子书市场的一个重要因素。图 8-6 展示了唐茶电子书的复制、搜索、纠错、书签等交互功能。

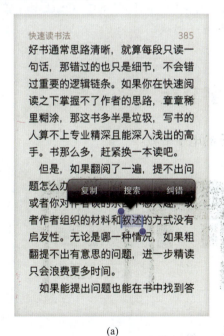
(a)

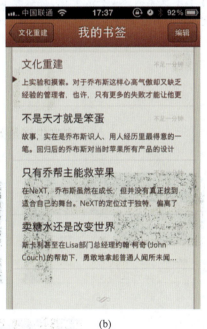
(b)

图 8-6　唐茶电子书的交互功能

【案例】

唐茶计划始于 2010 年，自 2011 年 7 月起推出了一系列「单行本」电子书，其中包括美国著名未来学大师 Kevin Kelly 的《失控》。创始人的目的只有一个：让人们在移动设备上更舒服地读到好东西。与传统电子阅读不同的是，唐茶是一种高品质的阅读，如图 8-7 所示，是一种相当直觉化、处处妥帖、无可指摘的阅读体验,其精密程度已堪称中文电子阅读领域的最高准绳。

图8-7　唐茶精品电子书

字节社是由"唐茶计划"催生的应用,如图8-8所示,目标是打造手机上最好的中文阅读体验。其发行了不少单行本,字体美观,排版精良。后来"唐茶计划"有了iOS上的字节社APP,集中发行书目,成为目前中文世界较具代表性的电子书城。

图8-8　唐茶字节社

案例

《九色鹿》是我国颇有影响力的动画片,本片采用敦煌壁画的形式,具有中国古代佛教绘画的风格。整部动画从以线为主的造型到丰富而雅致的色彩运用,都对敦煌壁画的艺术表现形式有很深刻的表达和理解。

色彩是决定画面基调的因素之一,电子书中对原作的经典还原,使得新时代成长的人们,可以更加细致地品味和欣赏动画中的每一个经典镜头与色彩。电子书以图画为主,辅以简约、优美的叙事文字,在这个读图时代必将再次受到大家的欢迎,如图8-9所示。

图8-9 《九色鹿》电子书

 小贴士

张 世 明

《九色鹿》的作者张世明(图8-10),是当代中国儿童书插画家。1954年毕业于上海行知艺术学院,1958年毕业于中央美术学院华东分院附中。20世纪80年代曾在美国纽约艺术学生联盟进修版画和壁画,并在纽约参加旅美中国艺术家字画展,举办过个人旅美画展,曾任上海美术电影制片厂美术设计师。

寓言故事绘本《守株待兔》《滥竽充数》《板桥三娘子》等曾获国际少年儿童图书插图协会大奖。《九色鹿》作品以其独特的艺术风格与画面表现,获"全国儿童图画书"一等奖。

图8-10 《九色鹿》作者介绍

第三节　电子书籍设计的现状与发展

无论是传统油墨印刷,还是由数字信号呈现的文本内容,都是以被阅读为最终需求,不同载体之间的相互借鉴与融合必定会存在和发展。因此,未来书籍设计者的一个重要课题就是如何将成熟的传统书籍设计理念导入新型载体,同时创造性地拓展适合数字阅读的设计思路。

一、多元融合的视觉设计

目前大多数的电子书软件,从界面设计角度而言,都只是简单复制纸质书籍封面作为图书展示,在版面布局上也仅仅是简单提供了电子文本。缺少有特点的对电子阅读的色彩、文字的精细加工,在版面布局方面也没有精心的设计,这种阅读体验仅仅是为了文字内容的获得,而缺少了纸质图书的阅读美感,这也是被很多传统书籍爱好者排斥的一个主要原因。拥挤的文本总量、简陋的排版模式、快餐化的阅读感觉,使得电子书的市场处在一个停滞的状态。

即便是做精品电子书的唐茶版电子书也仅仅是做了一些行距和字号的变化,如图 8-11 所示。随着读者对阅读舒适度要求的提高,这种电子文字显示的版面显然无法满足读者的要求,更加丰富的多元融合的视觉设计才能够为电子书发展带来更加广阔的市场。

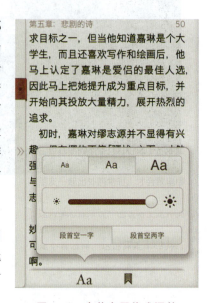

图 8-11　唐茶电子格式调整

二、更加人性化的阅读体验

纸质图书历经多年,已经有着非常成熟的艺术表现形式和设计理念。一本图书从封面的艺术表现设计入手,进行材质的选择,从内文字体、字号选择到行距、字距的精心编排都需要非常专业化的设计表现手法,才能给读者带来阅读的美感。

对于电子书而言,怎样从设计角度提高版面的可读性,需要书籍设计者更加深入了解电子显示设备的特性,从而提出适宜的设计方案,如图 8-12 所示。但电子设备毕竟是新型的载体,很多平面印刷的设计法则并不适用,例如,纸质书常用的书版宋体字就不适合电子阅读屏幕,因此,目前电子书为了能够显示更加清晰,一般选择黑体字或者圆体字。

这两种字体阅读时间长了,就会让读者感觉版面流动性不强,容易产生视觉疲劳。有研究表明,使用电子设备阅读,眨眼频率将从平时的 1min 20 次左右降至 1min 7 次,这会使眼周围的睫状肌持续处于紧张状态。如何让电子书具有更加人性化的阅读体验,利用设计语言、技术手法降低对人体的伤害,需要电子书设计者从多个角度去创新与提高,例如,通过色彩过渡、字体变化引导

图 8-12　电子书

眼球视线的变化,或是设计中的有意中断,让眼睛得以短暂地休息等。

三、理解阅读本质、合理运用现代技术

电子书的阅读模式为读者提供了更为多样化的阅读体验,点击、搜索、超链接、即时存储等互动方式让信息的获取更为快捷,界面背景的自主选取、色彩布局的任意变换使得阅读过程更为有趣,而背景音乐、诵读声、动画效果等多媒体的添加更是传统书籍无法企及的。随着计算机、手机以及电子阅读器的技术不断更新升级,不少产品的宣传语中特别强调产品"更具有纸质阅读的感受"。

图8-13所示带有书卷味的卷轴式电子书充分体现了设计要遵循阅读的本质与感受。但也不得不提的是,从阅读效果上看,电子文本在便捷阅读的同时造成了深度阅读方面的缺失,如今的读者,在巨大信息量的背景下,很难能够静下心来进行大量的深入阅读,通常对于文字内容都是走马观花的浅阅读、碎片化阅读。

例如,图8-14所示的看似丰富的多媒体儿童读物,因为代替了文字给予儿童的想象空间,直接呈现给儿童想象的实景,反而容易导致儿童阅读理解度降低。因此,在未来,如何更好地运用设计语言,以更科学的方式引导读者特别是儿童读者的阅读感受,合理、高效地运用辅助技术进行电子书的创新与设计,仍需要设计者不断学习,更新自己的知识结构,更需要设计者从阅读本质出发,合理而有节制地使用新技术。

图8-13 卷轴式的电子书

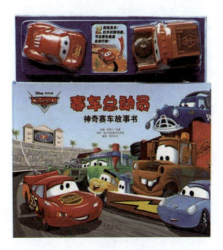

图8-14 神奇赛车故事书

本章小结

随着科技的发展和市场需求的扩大,电子书籍市场在不断扩大。电子书籍的特殊呈现形式,丰富了现代人们的阅读方式。

随着社会的进步,对电子书籍设计的要求也更高一步,更加专业化的版面设计、更加人性化的阅读体验以及在深刻理解阅读本质后合理运用现代技术实现电子书的设计,成为新一代电子书籍设计师们必须具备的素质与能力。

思考题

1. 怎样看待电子书的设计？电子书籍设计的内容是什么？
2. 你对电子书籍设计的现在和未来是如何看待的？
3. 怎样理解电子书籍设计的主要呈现形式？

 实训课堂

从网络书店找出 3 本不同题材、种类的电子书和两本电子杂志，分析调研电子读物设计的现状以及电子书籍设计的不同风格。

参 考 文 献

[1] 余秉楠.书籍装帧设计[M].哈尔滨：黑龙江美术出版社,1995.
[2] 吕敬人.书的形态探议[J].装饰,1995.
[3] 杉浦康平.造型的诞生[M].北京：中国青年出版社,1999.
[4] 吕敬人.敬人书籍设计[M].长春：吉林美术出版社,2000.
[5] 范贻光.精装工具书书脊设计琐谈[M].长春：吉林美术出版社,2002.
[6] 余秉楠.中外装帧艺术论集[M].长春：时代文艺出版社,1988.
[7] 丁锋.书脊：书籍之眼——浅议书脊设计[J].南京艺术学院学报,2005.
[8] 北京文物精粹大系.古籍善本卷[M].北京：北京出版社,2002.
[9] 日本编排设计研究会.书籍杂志编排设计完全手册[M].北京：中国青年出版社,2004.
[10] 孙彤辉.书装设计[M].上海：上海人民美术出版社,2014.
[11] 邓中和.书籍装帧创意设计[M].北京：中国青年出版社,2004.
[12] 丁建超.书籍设计[M].北京：中国水利水电出版社,2004.
[13] 蔺德生.古今图书收藏指南[M].天津：天津古籍出版社,2005.
[14] 张潇.书装百年[M].长沙：湖南美术出版社,2005.
[15] 张森.书籍形态设计集[M].北京：中国纺织出版社,2006.
[16] 刘小讷.国外平面设计精品解读丛书——标志卷[M].南京：江苏美术出版社,2009.
[17] 欧阳超英.标志创意与设计[M].武汉：武汉理工大学出版社,2009.
[18] 陈楠.标志与视觉识别系统设计基础[M].沈阳：辽宁美术出版社,2011.
[19] 贾森·特塞勒提斯.新字体设计基础[M].北京：中国青年出版社,2012.
[20] 金伯利·伊拉姆.网格系统与版式设计[M].上海：上海人民美术出版社,2013.

推荐网站

1. 设计之家 http://www.sj33.cn/
2. 三视觉平面设计 http://www.3visual3.com/
3. 三联素材网 http://www.3lian.com/sucai/
4. 叶信设计门户站 http://www.iebyte.com/
5. 站酷网 http://www.zcool.com.cn/
6. 艺术中国网 http://www.vartcn.com/
7. 美编之家 http://www.aehome.cn/portal.php
8. 中国设计赢网 http://www.siin.cn/
9. 亚洲CI网 http://www.asiaci.com/
10. 视觉中国 http://shijue.me/home
11. 中国设计在线 http://www.oado.com/
12. 中国艺术设计联盟 http://www.arting365.com/
13. 中国平面设计在线 http://gra.dolcn.com/
14. 中国设计之窗 http://www.333cn.com/

附录 1

平面设计中常见的图片格式

一、BMP 格式

BMP 是英文 Bitmap（位图）的简写，它是 Windows 操作系统中的标准图像文件格式，能够被多种 Windows 应用程序所支持。随着 Windows 操作系统的流行与丰富的 Windows 应用程序的开发，BMP 位图格式理所当然地被广泛应用。这种格式的特点是包含较丰富的图像信息，几乎不进行压缩，由此导致了它与生俱生来的缺点——占用磁盘空间过大。

二、GIF 格式

GIF 是英文 Graphics Interchange Format（图形交换格式）的缩写。顾名思义，这种格式是用来交换图片的。

GIF 格式的特点是压缩比高、磁盘空间占用较少，所以这种图像格式迅速得到了广泛的应用。最初的 GIF 只是简单地用来存储单幅静止图像（称为 GIF87a），后来随着技术发展，可以同时存储若干幅静止图像进而形成连续的动画，使之成为当时支持 2D 动画为数不多的格式之一。但 GIF 有个小小的缺点，即不能存储超过 256 色的图像。尽管如此，这种格式仍在网络上大行其道的应用，这和 GIF 图像文件短小、下载速度快、可用许多具有同样大小的图像文件组成动画等优势是分不开的。

三、JPEG 格式

JPEG 也是常见的一种图像格式，JPEG 文件的扩展名为 .jpg 或 .jpeg，其压缩技术十分先进，它用有损压缩方式去除冗余的图像和彩色数据，获得极高压缩率的同时能展现十分丰富生动的图像，换句话说，就是可以用最少的磁盘空间得到较好的图像质量。

由于 JPEG 优异的品质和杰出的表现，它的应用也非常广泛，特别是在网络和光盘读物上，肯定都能找到它的影子。目前各类浏览器均支持 JPEG 这种图像格式，因为 JPEG 格式的文件尺寸较小，下载速度快，使得 Web 网页有可能以较短的下载时间提供大量美观的图像，

JPEG 同时也就顺理成章地成为网络上最受欢迎的图像格式。

四、TIFF 格式

TIFF 是 Mac 中广泛使用的图像格式。它的特点是图像格式复杂、存储信息多。正因为它存储的图像细微层次的信息非常多,图像的质量也得以提高,故而非常有利于原稿的复制。

该格式有压缩和非压缩两种形式。TIFF 格式结构较为复杂,兼容性较差,因此有时你的软件可能不能正确识别 TIFF 文件(现在绝大部分软件都已解决了这个问题)。目前在 Mac 和 PC 上移植 TIFF 文件也很便捷,因而 TIFF 现在是计算机上使用最广泛的图像文件格式之一。

五、PSD 格式

这是著名的 Adobe 公司的图像处理软件 Photoshop 的专用格式 Photoshop Document(PSD)。PSD 其实是 Photoshop 进行平面设计的一张"草稿图",它里面包含有各种图层、通道、遮罩等多种设计的样稿,以便于下次打开文件时可以修改上一次的设计。在 Photoshop 所支持的各种图像格式中,PSD 的存取速度比其他格式快很多,功能也更强大。

六、PNG 格式

PNG 是一种新兴的网络图像格式,它汲取了 GIF 和 JPG 两者的优点,存储形式丰富,兼有 GIF 和 JPG 的色彩模式;它的另一个特点是能把图像文件压缩到极限以利于网络传输,但又能保留所有与图像品质有关的信息,因为 PNG 是采用无损压缩方式来减少文件的大小,这一点与牺牲图像品质以换取高压缩率的 JPG 有所不同;它的显示速度很快,只需下载 1/64 的图像信息就可以显示出低分辨率的预览图像;此外,PNG 支持透明图像的制作。

七、SWF 格式

利用 Flash 我们可以制作出一种后缀名为 SWF 的动画,这种格式的动画图像能够用比较小的体积来表现丰富的多媒体形式。在图像的传输方面,不必等到文件全部下载才能观看,而是可以边下载边看,特别适合网络传输,SWF 被大量应用于 Web 网页进行多媒体演示与交互性设计。此外,SWF 动画是基于矢量技术制作的,不管将画面放大多少倍,画面不会因此而有任何损害。

八、SVG 格式

SVG 的英文全称为 Scalable Vector Graphics,意思为可缩放的矢量图形。它是基于 EML(Extensible Markup Language),由 World Wide Web Consortium(W3C)联盟进行开发的。严格来说是一种开放标准的矢量图形语言。用户可以直接用代码来描绘图像,可以用任何文字处理工具打开 SVG 图像,通过改变部分代码来使图像具有交互功能,并可以随时插入 HTML 中通过浏览器来观看。

SVG 可以任意放大图形显示,但绝不会以牺牲图像质量为代价。SVG 文件比 JPEG 和 GIF 格式的文件要小很多,因而下载也很快。

(资料来源:百度知道 http://zhidao.baidu.com/question/1878552.html)

附录2

广告、印刷相关法律法规

《印刷品广告管理办法》
（2004年修改）

第一条

为加强印刷品广告管理,保护消费者、经营者合法权益,维护公平竞争的市场秩序,依据《中华人民共和国广告法》《广告管理条例》以及国家有关规定,制定本办法。

第二条

依照本办法管理的印刷品广告,是指广告主自行或者委托广告经营者利用单页、招贴、宣传册等形式发布介绍自己所推销的商品或者服务的一般形式印刷品广告,以及广告经营者利用有固定名称、规格、样式的广告专集发布介绍他人所推销的商品或者服务的固定形式印刷品广告。

第三条

印刷品广告必须真实、合法、符合社会主义精神文明建设的要求,不得含有虚假的内容,不得欺骗和误导消费者。

第四条

印刷品广告应当具有可识别性,能够使消费者辨明其为印刷品广告,不得含有新闻报道等其他非广告信息内容。

第五条

发布印刷品广告,不得妨碍公共秩序、社会生产及人民生活。在法律、法规及当地县级以上人民政府禁止发布印刷品广告的场所或者区域不得发布印刷品广告。

第六条

广告主自行发布一般形式印刷品广告,应当标明广告主的名称、地址;广告主委托广告经营者设计、制作、发布一般形式印刷品广告,应当同时标明广告经营者的名称、地址。

第七条

广告主、广告经营者利用印刷品发布药品、医疗器械、农药、兽药等商品的广告和法律、行政法规规定应当进行审查的其他广告,应当依照有关法律和行政法规规定取得相应的广告审查批准文件,并按照广告审查批准文件的内容发布广告。

第八条

广告经营者申请发布固定形式印刷品广告,应符合下列条件:

（一）主营广告,具有代理和发布广告的经营范围,且企业名称标明企业所属行业为"广告";

（二）有150万元以上的注册资本;

（三）企业成立3年以上。

第九条

广告经营者发布固定形式印刷品广告,应当向其所在地省、自治区、直辖市及计划单列市工商行政管理局提出申请,提交下列申请材料:

（一）申请报告(应载明申请的固定形式印刷品广告名称、规格、发布期数、时间、数量、范围,介绍商品与服务类型,发送对象、方式、渠道等内容);

（二）营业执照复印件;

（三）固定形式印刷品广告登记申请表;

（四）固定形式印刷品广告首页样式。

第十条

省、自治区、直辖市及计划单列市工商行政管理机关对申请材料不齐全或者不符合法定形式的,应当在五日内一次告知广告经营者需补正的全部内容;对申请材料齐全、符合法定形式的,应当出具受理通知书,并在受理之日起二十日内做出决定。予以核准的,核发《固定形式印刷品广告登记证》;不予核准的,书面说明理由。

第十一条

《固定形式印刷品广告登记证》有效期限为二年。广告经营者在有效期届满三十日前,可以向原登记机关提出延续申请。

第十二条

广告经营者应当在每期固定形式印刷品广告首页顶部位置标明固定形式印刷品广告名称、广告经营者名称和地址、登记证号、期数、发布时间、统一标志"DM"。

固定形式印刷品广告名称应当由以下三部分依次组成:广告经营者企业名称中的行政区划＋企业字号＋"广告"字样。固定形式印刷品广告名称字样应显著,各组成部分大小统一,字体一致,所占面积不得小于首页页面的10%。

第十三条

固定形式印刷品广告的首页和底页应当为广告版面,广告经营者不得将广告标题、目录印制在首页上。固定形式印刷品广告不得使用主办、协办、出品人、编辑部、编辑、出版、本刊、杂志、专刊等容易与报纸、期刊相混淆的用语。

第十四条

固定形式印刷品广告中的广告目录或索引应当为商品(商标)或广告主的名称,其所对应的广告内容必须能够具体和明确地表明广告主及其所推销的商品或者服务,广告经营者不得以新闻报道形式发布广告。

第十五条

广告经营者针对特殊群体需要发布中外文对照的固定形式印刷品广告,不得违反国家语言文字的有关规定。

第十六条

广告经营者应当按照核准的名称、规格、样式发布固定形式印刷品广告；应当接受工商行政管理机关的监督检查，按要求报送固定形式印刷品广告样本及其他有关材料，不得隐瞒真实情况、提供虚假材料。

广告经营者不得涂改、倒卖、出租、出借《固定形式印刷品广告登记证》，或者将固定形式印刷品广告转让他人发布经营。

第十七条

凡发布于商场、药店、医疗服务机构、娱乐场所以及其他公共场所的印刷品广告，广告主、广告经营者要征得上述场所管理者的同意。上述场所的管理者应当对属于自己管辖区域内散发、摆放和张贴的印刷品广告负责管理，对有违反广告法规规定的印刷品广告应当拒绝其发布。

第十八条

印刷品广告的印制企业应当遵守有关规定，不得印制含有违法内容的印刷品广告。

第十九条

违反本办法规定的，依照《中华人民共和国广告法》《广告管理条例》等有关法律、行政法规以及《广告管理条例施行细则》的规定予以处罚。《中华人民共和国广告法》《广告管理条例》等有关法律、行政法规以及《广告管理条例施行细则》没有规定的，由工商行政管理机关责令停止违法行为，视情节处以违法所得额三倍以下的罚款，但最高不超过三万元，没有违法所得的，处以1万元以下的罚款。

对非法散发、张贴印刷品广告的个人，由工商行政管理机关责令停止违法行为，处以五十元以下的罚款。

第二十条

固定形式印刷品广告经营者情况发生变化不具备本办法第八条规定条件的，由原登记机关撤回《固定形式印刷品广告登记证》。

固定形式印刷品广告违反本办法第三条规定，情节严重的，原登记机关可以依照《广告法》第三十七条、第三十九条、第四十一条规定停止违法行为人的固定形式印刷品广告业务，缴销《固定形式印刷品广告登记证》。

第二十一条

票据、包装、装潢以及产品说明书等含有广告内容的，有关内容按照本办法管理。

第二十二条

本办法自2005年1月1日起施行。2000年1月13日国家工商行政管理局令第95号公布的《印刷品广告管理办法》同时失效。

（资料来源：百度百科 http://baike.baidu.com/view/525078.htm）